国家中等职业教育改革发展示范校创新系列教材

顾　　问：余德禄
总　主　编：董家彪
副总主编：杨　结　吴宁辉　张国荣

烹饪文化

主编　陈凤颜
主审　董家彪

北京·旅游教育出版社

责任编辑:刘彦会

图书在版编目(CIP)数据

烹饪文化／陈凤颜主编. -- 北京：旅游教育出版

社,2014.1（2016.6）

（国家中等职业教育改革发展示范校创新系列教材）

ISBN 978-7-5637-2852-7

Ⅰ.①烹…　Ⅱ.①陈…　Ⅲ.①烹饪—文化—中国

Ⅳ.①TS972.11

中国版本图书馆 CIP 数据核字（2013）第 289812 号

国家中等职业教育改革发展示范校创新系列教材

烹饪文化

主编　陈凤颜　　主审　董家彪

出版单位	旅游教育出版社
地　　址	北京市朝阳区定福庄南里 1 号
邮　　编	100024
发行电话	(010)65778403 65728372 65767462(传真)
本社网址	www.tepcb.com
E - mail	tepfx@163.com
印刷单位	北京甜水彩色印刷有限公司
经销单位	新华书店
开　　本	787 毫米×1092 毫米　1/16
印　　张	8.5
字　　数	118 千字
版　　次	2014 年 1 月第 1 版
印　　次	2016 年 6 月第 2 次印刷
定　　价	20.00 元

（图书如有装订差错请与发行部联系）

编委会

主　　任：董家彪

副主任：曾小力　张　江

委　　员（按姓氏笔画排序）：

王　娟（企业专家）　王　薇　邓　敏

杨　结（企业专家）　李斌海　吴宁辉

余德禄（教育专家）　张　江　张立瑜

张璆晔　　张国荣　陈　烨　董家彪

曾小力

总　序

在现代教育中,中等职业学校承担实现"两个转变"的重大社会责任:一是将受家庭、社会呵护的不谙世事的稚气少年转变成灵魂高尚、个性完善的独立的人;二是将原本依赖于父母的孩子转变为有较好的文化基础、较好的专业技能并凭借它服务于社会、能独立承担社会义务的自立的职业者。要完成上述使命,除好的老师、好的设备外,一套适应学生成长的好的系列教材是至关重要的。

什么样的教材才算好的教材呢? 我的理解有三点:一是体现中职教育培养目标。中职教育是国民教育序列的一部分。教育伴随着人的一生,一个人获取终身学习能力的大小,往往取决于中学阶段的基础是否坚实。我们要防止一种偏向:以狭隘的岗位技能观念代替对学生的文化培养与人文关怀。我们提出"立德尚能,素质竞争",正是对这种培养目标的一种指向。素质与技能的关系就好比是水箱里的水与阀门的关系。只有水箱里储满了水,打开阀门才会源源不断。因此,教材要体现开发学生心智、培养学生学习能力、提升学生综合素质的理念。二是鲜明的职业特色。学生从初中毕业进入中职,对未来从事的职业认识还是懵懂和盲从的。要让学生对职业从认知到认同,从接受到享受到贯通,从生手到熟手到能手,教材作为学习的载体应该充分体现。三是符合职业教育教学规律。理实一体化、做中学、学中做,模块化教学、项目教学、情境教学、顶岗实践等,教材应适应这些现代职教理念和教学方式。

基于此,我们依托"广东旅游职教集团"的丰富资源,成立了由教育专家、企业专家和教学实践专家组成的编撰委员会。该委员会在指导高星级饭店运营与管理、旅游服务与管理、旅游外语、中餐烹饪与营养膳食等创建全国示范专业中,按照新的行业标准与发展趋势,依据旅游职业教育教学规律,共同制定了新的人才培养方案和课程标准,并在此基础上协同编撰这套系列创新教材。该系列教材力争在教学方式与教学内容方面有重大创新,突出以学生为本,以职业标准为本,教、学、做密切结合的全新教材观。真正体现工学结合、校企深度合作的职教新理念、新方法。经过近两年时间的努力,现已付梓。

在此次教材编撰过程中,我们参考了大量文献、专著,均在书后加以标注,同时我们得到了旅游教育出版社、南沙大酒店总经理杨结、岭南印象园副总经理王娟以及广东省职教学会教学工作委员会主任余德禄教授等旅游企业专家、行业专家的大力支持。在此一并表示感谢!

2013 年 8 月于广州

前　言

　　为了适应职业与岗位对接的职业教育教学新要求,提高学生的语文素养,我们在听取专家的意见、开展调查的基础上,结合中职烹饪专业学生语文学习的特点、学习现状等因素,编写了这套教材。教材分两部分,第一部分是基础篇,适用于中职学校烹饪专业一年级的学生;第二部分是文化篇,适用于中职学校烹饪专业二年级的学生,本书是文化篇。

　　在中国文化史上,历代文学大师与中国烹饪几乎都有不解之缘,文人谈美食,是一种非常值得我们关注的现象。在他们的作品中有不少是以美食为题材的名篇,这些名篇充实和丰富了中华民族的文化宝库,是人类文明的宝贵遗产。不少文学大师不仅对饮食文化很有研究,而且对烹饪技艺也很精通。古有苏轼、陆游、李笠翁,现有汪曾祺、叶圣陶、钱钟书、陆文夫……真是不胜枚举!

　　丰富多彩的饮食文化精品,为作者编写本书提供了宝贵的资料。饮食是一种文化,从事烹饪工作和饮食业务的工作者必须有文化底蕴,因此,一年级教材基础篇注重听、说、读、写基础的夯实,本教材侧重将文化的理念渗透到文本中。

　　本教材按照选文的内容分为 5 个单元:食为民天、吃的艺术、吃的哲学、舌尖上的故乡、语言中的吃,旨在让学生从 5 个方面了解中国饮食文化。选取名家名作 21 篇,其中 18 篇是必读课文、3 篇为选读课文(标题前有 * 号的为选读课文);另加诗词 6 首和满汉全席大报菜单子。每篇课文设计为 2 学时,共 36 学时,分两个学期完成。教材 5 个部分独立成体,并不存在循序渐进的学习要求,教师可按实际需要灵活掌握教学时间。

　　每篇课文前有作家简介,便于学生多角度了解作者;课后有"读后感悟",不仅密切联系课文内容,还可以拓展知识,激发学生主动探索的兴趣,培养学生的创造性思维;"思考与练习"将"说"、"读"、"写"语文能力的培养渗透其中,与语文教学目标相结合;"附录"中引用与课文相关的材料,对拓展学生的知识面、增加文化积淀起有益的作用。

编写全新思路的中职烹饪专业的语文教材,是一次有探索意义的艰难实践,虽然付出了很大的努力,但由于水平有限,难免有不足和疏漏,敬请读者指正。

在编写教材的过程中引用了有关专家、学者的著作,已在教材中予以标注,在此不胜感谢!董家彪先生百忙中给予悉心指导,并作了细致审核,衷心地感谢他!

陈凤颜

2013 年 7 月

目　录

第四单元　舌尖上的故乡

第五单元　语言中的吃

第一单元　食为民天

食物是人民赖以生存的最为重要的东西。

孔子发表过"食不厌精,脍不厌细"的议论,孟子也有"口之于味,有同嗜焉"的论断,司马迁在《史记·郦生陆贾列传》中说:"王者以民人为天,而民人以食为天。"颜之推《颜氏家训》则说:"夫食为民天,民非食不生矣,三日不粒,父子不能相存。"以上圣贤、学人口中有关吃的论述,充分证明了饮食在中国历史文化中占据着重要的地位和特殊的分量。

本单元选取了莫言、舒婷、张抗抗三位名家的作品和纪录片《舌尖上的中国》第五集——"厨房的秘密"作为必读内容;选取了夏丏尊的《谈吃》为选读内容。学习时注意体会作者的生活背景,理解他们对食物的渴求,品味作者对食物的描写,领会文章传达出的情怀。

1　吃相凶恶

莫　言

莫言(1955.2—),原名管谟业,山东高密人,中国当代著名作家。香港公开大学荣誉文学博士,中国艺术研究院文学院院长,青岛科技大学客座教授,潍坊学院文学院名誉院长。他自20世纪80年代中以一系列乡土作品崛起,充满着"怀乡"的复杂情感,被归类为"寻根文学"作家。2011年莫言荣获茅盾文学奖。2012年莫言荣获诺贝尔文学奖,诺贝尔委员会给他的颁奖词为:将魔幻现实主义与民间故事、历史与当代社会融合在一起。主要作品有长篇小说:《红高粱家族》、《丰乳肥臀》、《檀香刑》、《生死疲劳》、《蛙》等。

在我的脑袋最需要营养的时候,也正是大多数中国人饿得半死的时候。我常对朋友们说,如果不是饥饿,我绝对会比现在聪明,当然也未必。因为生出来就吃不饱,所以最早的记忆都与食物有关。那时候我家有十几口人,每逢开饭,我就要大哭一场。我叔叔的女儿比我大四个月,当时我们都是四五岁的光景,每顿饭奶奶就分给我和这位姐姐每人一片发霉的红薯干,而我总是认为奶奶偏心,将那片大些的给了姐姐。于是就把姐姐手中的那片抢过来,把自己那片扔过去。抢过来后又发现自己那片大,于是再抢回来。这样三抢两抢姐姐就哭了。婶婶的脸也就拉长了。我当然从一上饭桌时就眼泪哗哗地流。母亲无可奈何地叹息着。奶奶自然是站在姐姐的一面,数落着我的不是。婶婶说的话更加难听。母亲向婶婶和奶奶连声赔着不是,抱怨着我的肚子大,说千不该万不该不该生了这样一个大肚子的儿子。

吃完了那片红薯干,就只有野菜团子了。那些黑色的、扎嘴的东西,吃不下去,但又必须吃。于是就边吃边哭,和着泪水往下咽。我们这茬人,到底是依靠着什么营养长大的呢?我不知道。那时想,什么时候能够饱饱地吃上一顿红薯干子就心满意足了。

1960年春天,在人类历史上恐怕也是一个黑暗的春天。能吃的东西都吃光了,草根、树皮、房檐上的草。村子里几乎天天死人。都是饿死的。起初死了人还掩埋,亲人们还要哭哭啼啼地到村头的土地庙去"报庙",向土地爷爷注销死者的户口,后来就没人掩埋死者,更没人哭嚎着去"报庙"了。但还是有一些人强撑着将村子里的死尸拖到村子外边去,很多吃死人吃红了眼睛的疯狗就在那里等待着,死尸一放下,狗们就扑上去,将死者吞下去。过去我对戏文里讲穷人使用的是皮毛棺材的话不太理解,现在就明白了何谓皮毛棺材。后来有些书写过那时人吃人的事情,我觉得只能是十分局部的现象。据说我们村的马四曾经从自己死去的老婆的腿上割肉烧吃,但没有确证,因为他自己也很快就死了。粮食啊,粮食,粮食都哪里去了?粮食都被什么人吃了呢?村子里的人老实无能,饿死也不敢出去闯荡,都在家里死熬着。后来听说南洼里那种白色的土能吃,就去挖来吃。吃了拉不下来,憋死了一些人,于是就不再吃土。那时候我已经上了学,冬天,学校里拉来了一车煤,亮晶晶的,是好煤。有一个生痨病的同学对我们说那煤很香,越嚼越香。于是我们都去拿来吃,果然是越嚼越香。一上课,老师在黑板上写字,我们在下面吃煤,一片咯嘣咯嘣的声响。老师问我们吃什么,大家齐说吃煤。老师说煤怎么能吃呢?我们张开乌黑的嘴巴说,老师,煤好吃,煤是世界上最好吃的东西,香极了,老师吃块尝尝吧。老师是个女的,姓俞,也饿得不轻,脸色蜡黄,似乎连胡子都长出来了,饿成男人了。她狐疑地说,煤怎么能吃呢?煤怎么能吃?一个男生讨好地把一块亮晶晶的煤递给老师,说老师尝尝吧,如果不好吃,您可以吐出来。俞老师试探着咬了一小口,咯嘣咯嘣地嚼着,皱着眉头,似乎是在品尝滋味,然后大口地吃起来了。她惊喜地说:"啊,真的很好吃啊!"这事儿有点魔幻,我现在也觉得不像真事,但毫无疑问是真事。去年我探家时遇到了当年在学校当过门房的王大爷,说起了吃煤的事,王大爷说,这是千真万确的,怎么能假呢?你们的屎拍打拍打就是煤饼,放在炉子里呼呼地着呢。饿到极处时,国家发来了救济粮,豆饼,每人半斤。奶奶分给我杏核大小的一块,放在口里,嚼着,香甜无比,舍不得往下咽就没有了,仿佛在口腔里化掉了。我家西邻的孙家爷爷把分给他家的两斤豆饼在往家走的路上就吃完了,回到家后,就开始口渴,然后就喝凉水,豆饼在肚子里发开,把胃胀破,死了。十几年后痛定思痛,母亲说那时候的人,肠胃像纸一样薄,一点脂肪也没有。大人水肿,我们一般孩子都挺着一个水罐般的大肚子,肚皮都是透明的,青色的肠子在里边蠢蠢欲动。都特别地能吃,五六岁的孩子,一次能喝下去八碗野菜粥,那碗是粗瓷大碗,跟革命先烈赵一曼女士用过的那个差不多。

后来,生活渐渐地好转了,基本上实现了糠菜半年粮。我那位在供销社工作的叔叔走后门买了一麻袋棉籽饼,放在缸里。夜里起来撒尿,我也忘不了去摸一块,放在被窝里,蒙着头吃,香极了。

村子里的牲口都饿死了,在生产队饲养室里架起大锅煮。一群群野孩子嗅着味道跑来,围绕着锅台转。有一个名字叫运输的大孩子,领导着我们高唱歌曲:

> 骂一声刘彪你好大的头,
>
> 你爹十五你娘十六,
>
> 一辈子没捞到饱饭吃,
>
> 唧唧喀嚓地啃了些牛羊骨头。

手持大棒的大队长把我们轰走,一转眼我们又嗅着气味来了。在大队长的心目中,我们大概比那些苍蝇还要讨厌。

趁着大队长去上茅房,我们像饿狼一样扑上去。我二哥抢了一只马蹄子,捧回家,像宝贝一样。点上火,燎去蹄上的毛,然后剁开,放在锅里煮。煮熟了就喝汤。那汤的味道实在是太精彩了,几十年后还让我难以忘却。

"文革"期间,依然吃不饱,我便到玉米田里去寻找生在秸秆上的菌瘤。掰下来,拿回家煮熟,撒上盐少许,用大蒜泥拌着吃,鲜美无比,在我的心中是人间第一美味。

后来听说,癞蛤蟆的肉味比羊肉的还要鲜美,母亲嫌脏,不许我们去捉。

生活越来越好,红薯干终于可以吃饱了。这时已经是"文革"的后期。有一年,年终结算,我家分了290多元钱,这在当时是个惊人的数字。我记得六婶把她女儿头打破了,因为她赶集时丢了一毛钱。分了那么多钱,村子里屠宰组卖便宜肉,父亲下决心割了五斤,也许更多一点,要犒劳我们。把肉切成大块,煮了,每人一碗,我一口气就把一大碗肥肉吃下去,还觉不够,母亲叹一口气,把她碗里的给了我。吃完了,嘴巴还是馋,但肚子受不了了。一股股的荤油伴着没嚼碎的肉片往上涌,喉咙像被小刀子割着,这就是吃肉的感觉了。

我的馋在村子里是有名的,只要家里有点好吃的,无论藏在什么地方,我总要变着法子偷点吃。有时吃着吃着就控制不住自己,索性将心一横,不顾后果,全部吃完,豁出去挨打挨骂。我的爷爷和奶奶住在婶婶家,要我送饭给他们吃。我总是利用送饭的机会,掀开饭盒偷点吃,为此母亲受了不少冤枉。这件事至今我还感到内疚。我为什么会那样馋呢?这恐怕不完全是因为饥饿,与我的品质有关。一个嘴馋的孩子,往往是意志薄弱、自制力很差的人,我就是。

20世纪70年代中期,去水利工地劳动,生产队用水利粮蒸大馒头,半斤面一个,我一次能吃四个,有的人能吃六个。

1976 年,我当了兵,从此和饥饿道了别。从新兵连分到新单位,第一顿饭,端上来一笼雪白的小馒头,我一口气吃了八个。肚子里感到还有空隙,但不好意思吃了。炊事班长对司务长说:"坏了,来了大肚子汉了。"司务长说:"没有关系,吃上一个月就吃不动了。"果然,一个月后,还是那样的馒头,我一次只能吃两个了。而现在,一个就足够了。

尽管这些年不饿了,肚子里也有了油水,但一上宴席,总有些迫不及待,生怕捞不到吃不够似的疯抢,也不管别人是怎样看我。吃完后也感到后悔。为什么我就不能慢悠悠地吃呢?为什么我就不能少吃一点呢? 让人也觉得我的出身高贵,吃相文雅,因为在文明社会里,吃得多是没有教养的表现。好多人攻击我的食量大,吃起饭来奋不顾身啦,埋头苦干啦,我感到自尊心受到了很大的伤害,便下决心下次吃饭时文雅一点,但下次那些有身份的人还是攻击我吃得多,吃得快,好像狼一样。我的自尊心更加受到了伤害。再一次吃饭时,我牢牢记着,少吃,慢吃,不要到别人的面前去夹东西吃,吃时嘴巴不要响,眼光不要恶,筷子要拿到最上端,夹菜时只夹一根菜梗或是一根豆芽,像小鸟一样,像蝴蝶一样,可人家还是攻击我吃得多吃得快,我可是气坏了。因为我努力地保持文雅吃相时,观察到了那些攻击我的小姐太太们吃起来就像河马一样,吃饱了后才开始文雅。于是怒火就在我的胸中燃烧,下一次吃那些不花钱的宴席,上来一盘子海参,我就端起盘子,拨一半到自己碗里,好一顿狼吞虎咽,他们说我吃相凶恶,我一怒之下,又把那半盘拨到自己碗里,挑战似的扒拉下去。这次,他们却友善地笑了,说:莫言真是可爱啊。

我回想三十多年来吃的经历,感到自己跟一头猪、一条狗没有什么区别,一直哼哼着,转着圈子,找点可吃的东西,填这个无底洞。为了吃我浪费了太多的智慧,现在吃的问题解决了,脑筋也渐渐地不灵光了。

 读后感悟

提示:故乡给予莫言童年更多的是饥饿和孤独,却也给予莫言一笔取之不尽的精神财富。童年的记忆深深地扎根在莫言的心里,导致即使在现在这个"吃饭文雅"的时代,莫言仍改不掉狼吞虎咽、吃相凶恶的习惯。品读作品,理解作者在轻松调侃中寓含的压抑与沉重。

思考与练习

1. 作者在文章中回忆了各个成长阶段吃的经历,请用简洁的语言概括出来。

四五岁光景:

三年困难时期:

"文革"期间:

"文革"后期:

76 年当兵时:

现在:

2. 从课文中找出以下吃相"凶恶"的字,流畅地书写出来,并体会作者表达的情感:嚼、尝、咽、咬、嗅、啃。

3. 你的吃相是"文雅"的还是"凶恶"的呢? 说说你家的吃饭习惯,以及形成这种习惯的原因。

 附　录

当今社会,大家最关注的莫过于"吃"了。"吃"作为人们最熟悉的事情,成为人们茶余饭后永恒的话题。莫言在《吃相凶恶》中以一种自我调侃的语气讲述了作者童年正逢三年困难时期,如何与亲人、小伙伴们一起吃野菜的一幕幕场景,以及由此派生出"吃"给当时人伦关系、人性带来的变化。不足九千字的散文讲述了这位诺贝尔文学奖获得者作为"吃货"的经历,轻松调侃中却寓含了压抑与沉重,不仅展示了作者对国家的深沉忧思,还提示了封建观念带来的社会现实弊端。

印象最深刻的就是文章中对食物的描写,其中写道:"吃完了那片薯干,就只有野菜团子了。那些黑色的、扎嘴的东西,吃不下去,但又必须吃于是就边吃边哭……"那是一个物质匮乏的时代,作为一个从小没有为吃穿发过愁的90后,这样的描述令我有些难以置信。由此我联想起旧中国的人们,在那样艰苦的条件下,仅仅依靠少得可怜又难以下咽的食物,度过了最艰难的时期。我想,是坚韧不拔的意志救了莫言这一代人,是对生活的渴望让他们在拮据的条件中生存下来。而我们生活在一个生活富足的年代,从未经历过忍饥挨饿的生活,反而更加不懂得珍惜了。好的生活给了我们一张挑剔的嘴,同时给了我们一颗坚硬的心。我们不懂得什么是知足,忘记了什么是感恩。

对于莫言而言,童年的艰苦生活是刻骨铭心的,那段记忆更是深深地扎根在莫言的心里,以至于在现在这个"吃饭文雅"的时代,莫言仍改不掉狼吞虎咽、吃相凶恶的习惯。我想,唯有内心保留本真的人才会如此。现在的我们不用为找吃的绞尽脑汁,却为了追求所谓的"生活质量"对事物十分挑剔,有的人甚至非"海参鲍鱼"不吃,丝毫不懂得珍惜。如此身在福中不知福,这样的我们岂不是更可悲吗?

莫言的《吃相凶恶》把乡土材料和乡土色彩同人的本质和人类文明的普遍意义有机地结合起来,使作品超越地域性获得了普遍性。正是由于他幼年的生活环境,给予了他这么一笔取之不尽的精神财富。(李静)

2 民食天地

舒　婷

舒婷(1952.5—),原名龚佩瑜,中国女诗人。出生于福建龙海市石码镇,祖籍福建泉州,居住于厦门鼓浪屿。1969年下乡插队,1972年返城当工人,1979年开始发表诗歌作品,1980年到福建省文联工作,从事专业写作。主要著作有诗集《双桅船》、《会唱歌的鸢尾花》、《始祖鸟》,散文集《心烟》等。舒婷崛起于20世纪70年代末的中国诗坛,她和同代人北岛、顾城、梁小斌等以迥异于前人的诗风,在中国诗坛上掀起了一股"朦胧诗"大潮。舒婷是朦胧诗派的代表人物,《致橡树》是朦胧诗潮的代表作之一。

家吃国吃

南方风俗,新媳妇过门第三天,公婆要检验其烹调手艺,并推及家教。某书香门第同时娶两房媳妇。大媳妇起早洗手下厨,果然整治一桌佳肴,公婆齐口夸奖。大媳妇谦虚道:"有油有葱,煮粪也香。"众人面面相觑。小媳妇接着也办一桌美食,啧啧声遍起,那小媳妇也谦逊着:"并非媳妇巧,乃是多佐料。"胜负不辩而明。

以上故事经我外婆用漳州土音屡教不止后,我得以明白烹调精义中有一要素是佐料,它同时强调了中国饮食文化中那个"雅"字。我外公因此补充:少年时代他只身流浪来厦门,啃两个大光饼,叫一碗菜牌上最便宜的汤,美其名"青龙过江",只花一个铜板,其实不过一碗清汤加两节葱段。

海边人吃鱼有个考究,一鲳二鲟三马鲛,以鲳鱼品位最高。某大户考媳妇,便以此命题作文。那新娘子毫不示弱双手捧出一盖盘清蒸鲳鱼,果然浓香四溢。那婆婆筷子一碰,看见鱼身刮得光溜溜,脸就沉下来。原来据说鲳鱼之名贵在于鳞,只有鱼鳞才能熬出特殊浓香的金黄色鱼油来。可是等鱼吃完了,才发觉鱼鳞一片片被丝线穿起来,团在盘底。这样吃起来既方便又保持了原味。所以那公公长喟一声："到底是三代世家呀！"这户人家终于讨到了一个豌豆公主。

这故事却是我父亲最得意的家教之一。由此可见我父亲不但重视饮食质量，还讲究形式。即使家常小饭桌，他也要求相应的套盘。几根青菜也要炒得有个名目出来。遇有家宴，更是萝卜染色，西红柿雕花，这种极端的形式主义使几个孩子一致断定，父亲对烹调的乐趣全在手做上，而非口尝。

在我父亲勺子里，除了人肉之外，大概没有什么动物是不能入口的。当他从银行经理的位置上一跤跌成右派，被发配到露天煤矿掘煤，家里流水般寄去的都是他信中指定的食物。困难时期，他抓田鼠，剥皮后穿在树枝上烤；他拣毛栗，煨在灰里；摘地瓜叶、南瓜叶，甚至爆炒蝗虫。若不是臭虫有一股怪味，说不定也成了一道不愁来源的菜肴。一切牙能咬动的东西都被辘辘饥肠吸收成蛋白质，使父亲在严酷的劳动中得以生存下来，而却有不少见田鼠蝗虫就干呕的同伴逐一离去。

母亲早逝，父亲一直主宰厨房。兄妹三人乐得饭来张口。虽不灶边偷艺，但饭桌上耳染目濡兼口尝，已有自己的食谱。等各自成家，短期突击，无不烧炒自成体系。轮到老父挨家去验收，仍是摆头：青还不如蓝。

家吃如此，把舌头娇惯了，外出公差开会，回来一定瘦半圈。中国确实地大物博，小小福建，隔一个县就有不同花样的吃法，厦门的海蛎煎到了泉州就有不同，到了福州则已是两码事。等到出国去，便同仇敌忾起来，一致怀念的是国吃。比起三明治来，甭说北方的饺子，南方的春卷，就连南北通行的阳春面，也叫人痛苦思念得直磨牙。尽管尝过法国蜗牛、日本生鱼、荷兰烤肝，喉咙那儿总是窄的，肚子是虚的，成日不知饥饱。每逢有外国朋友请吃饭，问西餐还是中餐，立刻直指中餐馆。虽然知道到了西方不尝异国风味实在没出息。

推己及人，从伦敦回来，给一位工作极努力经常以三明治果腹的好朋友写信："好好保重自己，每天至少吃一顿中国饭。"

南吃北吃

也许不是所有南方人，仅仅对我而言，南方与北方的饮食之大相径庭，不啻两个距离远的国度。

北京近年来挖掘出不少御膳曝光，包装日益精美，比当年进贡皇上还要宫廷几分，吃到口中,不过一大堆面粉加糖而已。我承认这是偏见,绝对。请北方同胞息怒。

曾经有一批部队作家来厦开笔会,住最豪华的金宝大酒店,每日活虾醉蟹地供奉,却是愁眉苦脸,日见憔悴,诗文都呈营养不良状地难产。酒店老板获悉,请他们吃饺子,这帮汉子立刻鲜活起来,呼叫吃喝,方显英雄本色。我去看朋友,恰逢饺子会,大喊倒霉。平生不喜饺子。有时去北京开会,老朋友竭诚相待,招来五六帮手,又揉又切又剁,虾仁、精肉、姜丝什么的不惜血本,包上来不过是一道菜,以我哥哥的话说:一双筷子无处走动,夹来夹去老在一个大盘子上。

去年,天琳、杨牧、陈所巨在等老诗友到厦门来,请他们尝广东风味的"早茶"。送上来的早点是一个个巴掌大的小蒸笼,里头搁着三个指肚大小的虾饺或一对凤爪。客人没敢吭声,账单开来令人咋舌,杨牧忍不住摸摸还是瘪着的将军肚说:"舒婷,你到新疆来吧。我请你吃西瓜,半个瓜你双手都捧不动,有一二十斤哩。"陈所巨在小声嘟嚷:"至少茶也能大杯喝个痛快。"大家相视,不禁捧腹。

因此想起多年以前艾末末等几个北京孩子来厦门过暑假,回去就来信劝我:"我发现你那么瘦,全是喝粥来着。"敢情他们在我家天天喝粥喝出恐粥症来了。我父亲最是喜欢这一拨小故人,喝粥能喝三五碗,吃菜顺带把盘子刮得干干净净。若是开罐头,我们全家人向来盯着那层浮油发愁,末末拿起来能喝个精光。这几个北方青年已快被南方清淡的口味逼疯了,我父亲还一直以为是他的烹调手段高超。

新疆至今未至,倒是去了一趟内蒙古。诗友千里相会,说不定平生也只有这一次,大家格外热情。清晨起床,便见饭桌上戳①两瓶白酒侍候。猪肉、羊肉、牛肉、狗肉,什么肉都有。高高叠成罗汉盘。口中便实实在在地说:"太铺张了,还是简单一盘青菜好。"殊不知这节令里,连黄瓜也大老远地运来,切成细丝,数出几根摆在盘边当观赏植物。到了齐齐哈尔,又是请吃饭,这次已有极稀罕的鱼。壮胆开口求一碗汤。朋友急急如令,片刻将一大钢精锅拎到我身边。虽然只是清水加一条黄瓜打一个蛋也觉无限美味。一喝再喝,肚子如鼓,再也喝不完,便推销给主人,主人豪气十足地回答:我们北方人喝酒不喝汤。

即使到了国外,南籍侨民和北籍侨民也绝不混淆。记得有人请张洁回家吃饺子,旁闻者属北方人立刻离座紧追不舍。只有我依然拨弄着炸鸡腿无动于衷。只有在陈若曦家,连续几天吃着她专为我熬的稀粥,就以台湾小酱瓜,我方觉得我还有一个胃,它失落在牛排和薯条中已久。

台湾饮食和厦门饮食之区别，不过是一条街的街头到街尾而已。要不，一曲烧肉粽怎唱遍海峡两岸。也只有台湾人和闽南人的鼻子才能隔三条街就闻到烧肉粽的香味。

南方名牌风味这么多，常常打击北方朋友，说他们只有饺子这一门功课。去年在英国北岛家里做客，早餐为省事，也吃三明治。北岛递给我一支牙膏型的鱼子酱，连欧洲人也觉是稀罕的美味，不料北岛夫妇还怅然不已："真想再吃一顿北京的炸酱面呀。"天啊，什么不好怀念，居然怀念炸酱面！

大吃小吃

到了今天，我们已经不必依靠凭票供应的两斤猪肉，切丝剁泥片炒块烧，只差没有把自己的手指连带割下来，变尽花样做一顿年夜饭。即使平常周末，兄弟们回老屋聚会，七十老爹学而不倦，手中菜谱时时赶潮流，茴香鸡、铁板鱿鱼串的做出来，总是满满端来又满满撤回去。只有青菜，永远供不应求。现时南方人的口味刁到什么程度连南方人自己都心中有愧。不用说甲鱼、龙虾、海参、鲜贝，连猪的腭膜和鸡脚也起了个冠冕堂皇的艳名登大雅之堂。直至有一天，七岁的儿子夹起一块猪肉，感慨说："妈妈，我们已经穷了吗？"举座皆惊。儿子补充说，上学路上听邻家奶奶说：现时是富人吃泡菜，穷人吃肉丁。

即使如此，有位大学教授留饭，桌上四菜一汤。菜是真正的青菜，白菜、菜瓜、扁豆、豆芽菜，汤是豆腐汤。这位教授并非供职于佛院，而是名闻全国的中文系。他被迫吃素的原因简明易懂，因为他的月薪只能买十公斤猪肉。

厦门作为特区开放之后，餐馆业如此发达，完全控制了市场行情。今年七八月旅游业受挫，不少餐馆纷纷歇业，市民们大为开心地吃上了活虾。从前这些生猛海鲜都集中在餐馆临街的水箱里耀武扬威呢。

我因为沾了点虚名，被请去大吃的机会总是有的。只要可能，一概拒绝。据那位吃素的教授朋友说，当前社会应当是吃而优则仕。在饭桌上升迁、发财者比比皆是。还听说令餐馆业萧条的原因之一，是报纸一再呼吁的禁止用公款暴吃暴喝的新规定。因此，定有许多人的口中要淡出鸟来的。

不得已赴宴归来，累得两个嘴角挂在耳边不能恢复原状。最惨的是边上还坐个半生不熟的吃客，既无旧可叙，也不好低头闷吃，寻找话题之艰难，逼我或诡称头疼，或佯装醉酒。这时候最渴望溜到街头去，找家小吃店，热气腾腾挤在人群中，也敢大声吸溜也能敲盘击筷有次在广州一家豪华酒店吃饭,上一道菜是穿山甲,知道是保护动物,拒绝动筷;再一道是海狗,还是保护动物,心中已胀满。于是悻悻离席。有位青年朋友带我到大排档,倚墙端一盘五毛钱的炒田螺,唧唧喷喷接吻般响声四起地理直气壮,且放肆,且快乐。一路上还买些竹片穿着的牛杂串,汤水淋漓地好不雅观。大街上人来人往谁也不在乎谁,总比坐在花园酒店用蓝花细瓷小匙舀芝麻糊津津有味,反正也没有《红楼梦》里那一副兰花指。

热爱小吃不知是否与喜欢民俗有关。厦门小吃品种极丰富,最平民化的莫过于拿双竹筷自己在平底锅翻煎豆腐块。文艺界有些男士常常蹲在小马灯下如此这般地满头油汗,押长脖子呷口高粱酒,两眼放出光来。偶尔路过,就有人举杯相邀。终因脸皮太薄,远远望去馋虫乱爬而已。小吃摊上的文友还要以此为风雅,考证出当年鲁迅也是此途之老马,所以前面衣襟总是油渍一大斑,盖煎豆腐块者一大标志也。

我常外出,每到一地,有饭局常拒绝,私自穿街走巷打野食,屡受骗屡不改,偶尔也能发掘出真迹来,讲给朋友听,朋友嗤之以鼻。

四川星星诗歌节,朋友请吃重庆火锅,被迫害得舌头肿胀,双唇黑紫,因此不要命地吃豌豆尖,然后不要命地闹肚子。以至被人搀扶着瞻仰乐山大佛。那大佛一看就知有个好胃口,正一脸钟情地望向对岸,对岸灯火阑珊处,正有一堆人围着麻辣豆腐出汗呢。

从此对重庆火锅绝念。但由于拉肚子,终于没能尝遍四川风味,所住旅馆对面有一家餐馆就叫"美美夫妻肺片店",天天看见,从此刻骨铭心。若有人问我,世上最美味的小吃是什么,回答:"夫妻肺片。"

因为至今我尚未尝过。

1989 年 11 月 16 日

注 释

①戳(chuō):树立。

 读后感悟

提示:舒婷博学慎思、感觉敏锐,她用精练独到的语言以及犀利的眼光向读者传达出对人生的思索、对生命的感悟。舒婷走南闯北、阅历丰富,用她的话来说"沾了点虚名",常被请吃,这篇关于"吃"的文章幽默风趣,活泼清新,我们从中看到她的真性情,也能体会到"食无定味,适口者珍"的道理。

 思考与练习

1. 词语积累:面面相觑　佐料　一鲥二鲟三马鲛　辘辘饥肠　同仇敌忾　不啻

　　　　又切又剁　令人咋舌　怅然不已　悻悻离席　混淆　嗤之以鼻　搀扶

2. 课文中说"南方风俗,新媳妇过门第三天,公婆检验其烹调手艺,并推及家教。某书香门第同时娶进两房媳妇。大媳妇起早洗手下厨,果然整治了一桌佳肴,公婆齐口夸奖。大媳妇谦虚道:'有葱有姜,煮粪也香。'众人面面相觑。小媳妇接着也办一桌美食,啧啧声遍起,那小媳妇也谦逊着:'并非媳妇巧,乃是多佐料。'胜负不辩而明。"

众人为什么面面相觑,顿时语塞? 如果你是大媳妇,该如何谦逊又文雅地回答公婆的夸奖?

3. 作者走南闯北,阅历丰富,在文中写到了祖国大地多个地方,各地有什么不同的饮食习惯? 文中提到了许多名吃、食材,你分别能说出多少个?

4. 作者在谈到她父亲的吃道,就是无所不吃。中国人本来是尊奉中庸哲学不敢为天下先,可偏偏在吃上最能为天下先! 请结合本文,分析这种普遍现象存在的原因。

 附　录

(一)中国人吃得广泛,究其原因,大抵有以下三方面:首先我们有无所不吃的需要。由于我们居住的这块土地人口稠密和周期性的天灾、战乱,我们不得不广泛地开拓食源,不得不以大无畏的精神去填充肚皮,以确保我们的生存;其次,我们有无所不吃的愿望。西方人吃肉喝奶,并无主副食之分,我们的祖先是农耕民族(指占全国人口大多数的汉族而言),很早就以粮食为主食,以蔬菜鱼肉为副食,菜是用来送饭的,为了好送饭,就要求菜的味道好,久而久之就养成了追求美味的强烈愿望,以不懈的精神多方面发掘美味;再次,我们有无所不吃的可能。首先是观念上的认可,我们的"天人合一"的哲学观念,使我们将"人"与天地万物视若一体,从来不以某一物为不可接触,这为我们广泛地开辟食源扫清了障碍;而我们又以极其开朗、极其大度的心态认同于万物,随之便引申出"吃啥补啥"的观念。基于以上三方面的原因,中国人成了世界上食谱最广泛的民族。(杨乃济《吃喝玩乐》)

(二)舒婷语录

1. 穷是一种心态,你若一辈子坚持自己是穷人,拥有大量金钱也救不了你。——《邻室的音乐》

2. 如此情深,却难以启齿。原来你若真爱一个人,内心酸涩,反而会说不出话来,甜言蜜语,多数说给不相干的人听。——《她的二三事》

3. 幸运者做猪不幸者做人,我是个幸运的不幸者,起码我睡的像猪。——《天若有情》

4. 人一定要受过伤才会沉默专注,无论是心灵或肉体上的创伤,对成长都有益处。——《花解语》

5. 真正有气质的淑女,从不炫耀她所拥有的一切,她不告诉人她读过什么书,去过什么地方,有多少件衣服,买过什么珠宝,因为她没有自卑感。——《圆舞》

6. 一个人走不开,不过因为他不想走开;一个人失约,乃因他不想赴约,一切借口均属废话,都是用以掩饰不愿牺牲。——《一千零一妙方》

7. 能够说出的委屈,便不算委屈;能够抢走的爱人,便不算爱人。——《开到荼蘼》

8. 无论怎么样,一个人借故堕落总是不值得原谅的,越是没有人爱,越要爱自己。——《星之碎片》

9. 现今还有谁会照顾谁一辈子,那是多沉重的一个包袱。所以非自立不可。——《不易居》

10. 我的归宿就是健康与才干,一个人终究可以信赖的,不过是他自己,能够为他扬眉吐气的也是他自己,我要什么归宿?我已找回我自己,我就是我的归宿。——《胭脂》

11. 要生活得漂亮,需要付出极大忍耐,一不抱怨,二不解释,绝对是个人才。——《变形记》

12. 一个成熟的人往往发觉可以责怪的人越来越少,人人都有他的难处。——《我们不是天使》

3　稀粥南北味

张抗抗

张抗抗(1950—),原名张抗美,祖籍广东,生于杭州。1969 年赴北大荒农场上山下乡 8 年。1977 年考入黑龙江省艺术学校编剧专业,现为黑龙江省作协副主席。代表作有长篇小说《隐形伴侣》、《赤彤丹朱》、《情爱画廊》、《作女》、《张抗抗自选集》(5 卷)等。多部作品被翻译成英、法、德、日、俄文并在海外出版。

作为一位作家,张抗抗具有良好的艺术感觉和艺术素质,一方面她以女性的温柔和细腻探索青年一代的追求与痛苦,以敏锐、潇洒的笔揭示人的心灵底蕴,作品中洋溢着青春的朝气和纯净的诗意;另一方面比之于其他女作家的作品,她的作品包含着更多的理性思考。她不被感觉和情绪所左右,以一位智者的清醒有意识地将作品当做某些思考的载体,使其很多作品以深邃而独到的思索见长。

粥在中国,犹如长江黄河,源远流长。

可惜我辈才疏学浅,暂无从考证稀粥的历史。只能从自己幼年至今喝粥的经历,体察到稀粥这美味,历经岁月沧桑朝代更迭而始终长盛不衰的种种魅力。甚至可以绝不夸张地说,稀粥对于许多中国人,亦如生命之源泉,一锅一勺一点一滴,从中生长出精血气力、聪明才智,还有顺便喝出来的许多陈规和积习。

少年时代在杭州,江浙地方的人爱吃泡饭。所谓泡饭,其实最简单不过,就是把剩下的大米饭搅松,然后用水烧开了,就是泡饭。泡饭里有锅底的饭锅巴,所以吃起来很香。一般用来做早餐,或是夏季的晚饭。佐以酱瓜、腐乳和油炸蚕豆瓣,最好有几块油煎咸带鱼,就是普通人家价廉物美的享受了。对于江南一带的人来说,泡饭也就是稀饭,家家离不开泡饭,与北方人爱喝稀粥的习惯并无二致。

我的外婆住在杭嘉湖平原的一个小镇上,那是江南腹地旱涝保收的鱼米之乡。所以外婆家爱喝白米粥,而且煮粥必用粳米。用粳米烧的粥又黏又稠,开了锅,厨房里便雾气蒙蒙地飘起阵阵甜丝丝的粥香,听着灶上锅里咕嘟咕嘟白米翻滚的声音,像是有人唱歌一样。熄火后的粥是不能马上就喝的,微微地闷上一阵,待粥锅四边翘起了一圈薄薄的白膜,粥面上结成一层白亮白亮的薄壳,粥米已变得极其柔软几乎融化,粥才称其为粥。那样的白米粥,天然地清爽可口,就像是白芍药加百合再加莲子熬出来的汁。温热地喝下去,似乎五脏六腑都被清洗了一遍。

我母亲在这样一个美好的白米粥的环境下长大,自然是极爱喝粥甚至是嗜粥如命的。她自称粥罐——平日不过一小碗米饭的量,而喝粥却能一口气吃上三大碗。只要外婆一来杭州小住,往日匆匆忙忙炮制的杭式方便快餐泡饭,就立即被外婆改换成天底下顶顶温柔的白米粥。外婆每天很早就起床烧粥,烧好了粥再去买菜;下午早早地就开始烧粥,烧好了粥再去烧菜。于是我们家早也喝粥,晚也喝粥,而且总是见锅见底地一抢而空。南方人喝粥就是喝粥,不像北方人那样,还就着馒头烙饼什么的。因此喝粥就有些单调。粥对于我来说,多半出于家传的习惯,自然是别无选择。那个时候,想必稀粥尚未成为我生活的某种需要,所以偶尔也抱怨早上喝粥肚子容易饿,晚上喝粥总要起夜。而每当我对喝粥稍有不满时,外婆就皱着眉头,用筷子轻轻敲着碗边说:"小孩真是不懂事了,早十几年,一户人家吃三年粥,就可买上一亩田呢,你外公家的房产地产,还不是这样省吃俭用挣下来的……"

舅舅补充说:"一粥一饭当思来之不易。"

于是我就从粥碗上抬起头,疑惑地看着我的外婆。外婆喝粥有一个奇怪的习惯,她喝饱了以后,放下筷子,必得用舌头把粘在粥碗四边的粥汤舔干净,干净得就像一只没用过的碗,那时外婆的粥才算是真正喝完。我想外婆并不是穷人,她这样喝粥样子可不太好看。那么难道外公家的产业真是这样喝粥喝出来的吗?人如果一辈子都喝粥,是不是就会很富有了呢?看来粥真是一种奇妙的东西。

然而,外婆的白米粥却和我少女时代的梦,一同扔在了江南。

当我在寒冷的北大荒原野上啃着冻窝头、掰着黑面馒头时,我开始思念外婆的白米粥。白米粥在东北称作大米粥,连队的食堂极偶然才炮制一回,通常是作为病号饭,必须经过分场大夫和连首长的批准,才能得此优待。有顽皮男生,千方百计把自己的体温弄得"高烧"了,批下条子来,就为骗一碗大米粥喝,是相互间公开的秘密。后来我有了一个小家,便在后院的菜园子里,种过些豌豆。豌豆成熟时剥出一粒粒翡翠般的新鲜豆子,再向农场的老职工讨些大米,熬上一锅粥,待粥快熟时,把豌豆掺进去,又加上不知从哪弄来的一点白糖,便成了江南一带著名的豌豆糖粥。一时馋倒连队的杭州老乡,纷纷如蝗虫拥入我的茅屋,一锅粥顿时告罄,只是碍于面子,就差没像我外婆那样把锅舔净了。

豌豆糖粥是关于粥的记忆中比较幸福的一回。在当时年年吃返销粮的北大荒,大米粥毕竟不可多得。南方人的"大米情结",不得不在窝头苞米面发糕小米饭之间渐渐淡忘或暂时压抑。万般无奈中,却慢慢发现,所有以粗粮制作的主食里,惟有粥,还是可以接受并且较为容易适应的——这就是大 chá("米"字旁一个"查")子粥和小米粥。

最初弄懂"大糙子"这三个字,很费了一番口舌。后来才知道,所谓大糙子,其实就是把玉米粒轧成几瓣约如绿豆大小的干玉米碎粒。在一口大锅里放上玉米糙子和水,急火煮开锅了,便改为文火焖。焖的时间似乎越长越好,时间越长,糙就熬得越烂,越烂吃起来就越香。等到粥香四溢,开锅揭盖,眼前金光灿烂,一派辉煌,盛在碗里,如捧着个金碗,很新奇也很庄严。

大糙子粥的口感与大米粥很不相同。它的米粒饱满又实沉,咬下去富有弹性和韧劲,嚼起来挺过瘾。从每一粒糙子里熬出的黏稠浆汁,散发着秋天的田野上成熟的庄稼的气息,洋溢着北方汉子的那种粗犷和力量。

煮大糙子粥最关键的是,必须在糙子下锅的同时,放上一种长粒的饭豆。那种豆子比一般的小豆绿豆要大得多,紫色粉色白色还有带花纹的,五光十色令人眼花缭乱。五彩的豆子在锅里微微胀裂,沉浮在金色的粥汤里,如玉盘上镶嵌的宝石……

小米粥比之大糙子粥,喝起来感觉要温柔些细腻些。且有极高的营养价值,又容易被人体吸收,所以北方的妇女以其作为生小孩坐月子和哺乳期的最佳食品。我在北大荒农场的土炕上生下我的儿子时,就有农场职工的家属,送来一袋小米。靠着这袋小米,我度过了那一段艰难的日子。每天每天,几乎每一餐每一顿,我喝的都是小米粥。在挂满白霜的土屋里,冰凉的手捧起一碗黄澄澄冒着热气的小米粥,我觉得自己还有足够的力量活下去。热粥一滴滴温热我的身体烤干我的眼泪暖透我的心,我不再害怕不再畏惧,我第一次发现,原来稀粥远非仅仅具有外婆赋予它的功能,它可以承载人生可以疏导痛苦甚至可以影响一个人的命运。

也许正是从那个时候开始,我摈弃了远方白米粥的梦想,进入了一个实实在在的小米粥的情境;我无可依傍惟有依傍来自大地的慰藉,我用纯洁的白色换回了收获季节遍地的金黄。至今我依然崇敬小米粥，很多年前它就化作了我闯荡世界的精气。

然而，白色和金色的粥，并未穷尽我关于稀粥的故事。

喝小米粥的日子过去很多年以后，我和父母去广东老家探亲，在广州小住几日，稀粥竟以我从未见过的丰富绚丽，以其五彩斑斓的颜色和别具风味的种类，呈现在我面前。街头巷尾到处都有粥摊或粥挑子，燃得旺旺的炉火上，熬得稀烂的薄薄的粥汤正咕咕冒泡，一边摆放整齐的粥碗里，分别码着新鲜的生鱼片、生鸡片或生肉片，任顾客自己选用。确定了某一种，摊主便从锅里舀起一勺滚烫的薄粥，对着碗里的生鱼片浇下去，借着沸腾的稀粥的热量，生鱼片很快烫熟，再加少许精盐、胡椒粉和味精，用筷子翻动搅拌一会，一碗美味的鱼生粥就炮制而成。

鱼生粥其味鲜美无比。粥米入口便化，回味无穷；鱼片鲜嫩可口，滑而不腻。一碗粥喝下去，周身通达舒畅，与世无争，别无他求。我在广州吃过烧鹅乳猪蛇羹野味，却独独忘不了这几角钱一碗的鱼生粥或鸡丝粥。

从新会老家回到广州，因为等机票，全家三人住在父亲的亲戚家中。那家有个姑娘，比我略小几岁，名叫阿嫦。阿嫦每天晚上临睡前，都要为我们煲粥，作为第二天的早餐。她有一只陶罐，口窄底深，形状就像一只水壶。她把淘好的米放在罐子里，加上适量的水，再把罐子放在封好底火的炉子上，便放心地去睡。据说后半夜炉火渐渐复燃，粥罐里的米自然就被焖个透烂。到早晨起床，只需将准备好的青菜碎丁、切碎的松花蛋、海米丁，还有少量肉末，一起放入罐内，加上些佐料——真正具有广东地方家庭特色的粥，就煲好了。

阿嫦的早粥不但味道清香爽口，让人喝了一碗还想再喝，每天早晨都喝得肚子溜圆才肯作罢，而且内容丰富，色泽鲜艳——绿的菜叶、红的肉丁、黑褐色带花纹的松花蛋和金黄色的海米，衬以米粒雪白的底色，真像是一幅点彩派的斑斓绘画。

广东之行使我大开稀粥眼界，从此由白而黄的稀粥"初级阶段"，跃入五彩缤纷的"中级阶段"。稀粥的功能也从一般聊以糊口、解决温饱的实用性，开始迈向对稀粥的审美、欣赏以及精神享受的"高度"。那时再重读《红楼梦》，才确信五千年文明史的中华民族，原来真有悠远的粥文化。

便尝试喝八宝莲子粥，喝红枣紫米粥，喝腊八粥，喝在这块土地上所能喝到的或精致或粗糙或富丽或简朴的各式各样的粥。最近去湖南，在娄底那个地方的涟源钢铁厂食堂，就喝到一种据说是"舂"出来的米粥。粥已近糊状，但极有韧性，糊而不散，稠而光洁，闻其香甜，便知其本色。

却有几位外国朋友,一听稀粥,闻粥色变,发表意见说,为人一世,最不喜欢吃的就是稀粥,并且永远不能理解中国人对于粥的爱好。

我想我们并非是天生就热爱粥的。如果有人探究粥的渊源、粥的延伸、粥的本质,也许只有一个简单的原因,那就是贫穷。粮食的匮乏加之人口众多,结果就产生稀粥这种颇具中国特色的食物,覆盖了大江南北几百万平方公里的土地,一喝几千年。

如今我们已不会因为粮食不够吃而喝粥;也不会因为没有钱买粮而喝粥;我们喝粥是因为祖先遗传的粥的基因。粥的基因是否同人体血脂的黏液质形成有关?为什么一个喝粥的民族就有些如同稀粥一般黏黏糊糊、汤汤水水的脾性?以此为缺口,研究生命科学的学者们便会找到重大突破也说不定。

可作为主妇的我,如今却很少熬粥。我们家不熬粥的原因很简单,我想许多家庭逐渐淡化了粥,也是出于同一个原因:没有时间。粥是贫穷的产物,也是时间的产物。粮食和资金勉强具备,但如果不具备时间,同样也喝不成粥。我们的早餐早已代之以面包和袋奶,晚餐有面条;还有偷工减料的食粥奥秘——回归泡饭。

所以如今一旦喝粥,便喝得郑重其事,喝得不同凡响;要提前筛好小米配上黑米再加点红枣和莲子,像是一个隆重的仪式。听说市场已经推出一种速成的粥米,那么再过些日子,连这仪式也成了一个象征。当时间的压力更多地降临的时候,稀粥是否终会爱莫能助地渐渐远去?我似乎觉得下一代人,对稀粥已没有那么深厚的感情和浓烈的兴趣了,你若问孩子晚饭想喝粥吗,他准保回答:"随便。"仔细想想孩子的话,你会突然觉得所有这些关于稀粥的话题,其实都是无事生非。

 读后感悟

提示:一位走南闯北的人,几十年来在不同时期、不同地方吃稀粥,从中反映了自己的人生经历和世情的巨大变化。"南北"一词,揭示文章的内容是写不同地域、不同风味的稀粥。一个"味"字则强调文章侧重的是作者对稀粥的一种品位、一种认识和思考。

思考与练习

1. 品读全文,说说稀粥的魅力表现在哪里?

2. 作者写了哪些稀粥,反映了怎样的人生经历?

3. 作者说"广东之行使我大开稀粥眼界,从此由白而黄的稀粥"初级阶段",跃入五彩缤纷的"中级阶段"。稀粥的功能也从一般聊以糊口、解决温饱的实用性,开始迈向对稀粥的审美、欣赏以及精神享受的"高度"。那时再重读《红楼梦》,才确信五千年文明史的中华民族,原来真有悠远的粥文化。"怎样理解这段文字?

4. 广东盛行粥品,其原因在于广东气候湿热、炎热时间长、流汗消耗量大,须及时补充水分和易吸收的养分;粥还可以去火、滋润、养胃。调动你所学的专业知识,向同学们介绍你最拿手的粥品是什么,怎么做的。

5. 阅读冰心的《腊八粥》,说说它在感情表达上与本文有什么不同之处。

 附　录

(一)要喝粥,先弄清楚粥的分类,才能根据自己的口味进行选择。中国人大体分南方人、北方人,粥亦如此,可别小看了这简简单单的粥,南北方的吃法可各不相同。

基本的不同是南方人的粥是加了料的,比如加入鸡鸭肉的肉粥;而北方人,即使加料也仅仅是加入一些植物。此外,粥还有很多种其他分类方法,比如有人将粥分为三大类:清粥、咸粥和甜粥。北方人喝清粥就是单纯的米粥而已,也有加入小米、绿豆或莲子等物增加香味的。清粥是要配菜吃的,否则淡而无味,而咸粥是在白粥内加上其他佐料。有名的广东粥就属于咸粥。粥里的佐料有虾米、鱿鱼、猪肉、香菇等。甜粥的种类少,但是很有名气,比如腊八粥,素来为大家喜爱。(《吃粥好处多》- yalujiangsc 的日志 - 网易博客)

(二)腊八粥(冰心)

从我能记事的日子起,我就记得每年农历十二月初八,母亲给我们煮腊八粥。

这腊八粥是用糯米、红糖和十八种干果掺在一起煮成的。干果里大的有红枣、桂圆、核桃、白果、杏仁、栗子、花生、葡萄干,等等,小的有各种豆子和芝麻之类,吃起来十分香甜可口。母亲每年都是煮一大锅，不但全家大小都吃到了，有多的还分送给邻居和亲友。

母亲说：这腊八粥本来是佛教寺煮来供佛的——十八种干果象征着十八罗汉，后来这风俗便在民间通行，因为借此机会，清理橱柜，把这些剩余杂果，煮给孩子吃，也是节约的好办法。最后，她叹一口气说："我的母亲是腊八这一天逝世的，那时我只有十四岁。我伏在她身上痛哭之后，赶忙到厨房去给父亲和哥哥做早饭，还看见灶上摆着一小锅她昨天煮好的腊八粥。现在我每年还煮这腊八粥，不是为了供佛，而是为了纪念我的母亲。"

我的母亲是 1930 年 1 月 7 日逝世的，正巧那天也是农历腊八！那时我已有了自己的家，为了纪念我的母亲，我也每年在这一天煮腊八粥。虽然我凑不上十八种干果，但是孩子们也还是爱吃的。抗战后南北迁徙，有时还在国外，尤其是最近的十年，我们几乎连个"家"都没有，也就把"腊八"这个日子淡忘了。

今年"腊八"这一天早晨，我偶然看见我的第三代几个孩子，围在桌旁边，在洗红枣，剥花生，看见我来了，都抬起头来说："姥姥，以后我们每年还煮腊八粥吃吧！妈妈说这腊八粥可好吃啦。您从前是每年都煮的。"我笑了，心想这些孩子们真馋。我说："那是你妈妈们小时候的事情了。在抗战的时候，难得吃到一点甜食，吃腊八粥就成了大典。现在为什么还找这个麻烦？"

他们彼此对看了一下，低下头去，一个孩子轻轻地说："妈妈和姨妈说，您母亲为了纪念她的母亲，就每年煮腊八粥，您为了纪念您的母亲，也每年煮腊八粥。现在我们为了纪念我们敬爱的周总理、周爷爷，我们也要每年煮腊八粥！这些红枣、花生、栗子和我们能凑来的各种豆子，不是代表十八罗汉，而是象征着我们这一代准备走上各条战线的中国少年，大家紧紧地、融洽地、甜甜蜜蜜地团结在一起……"他一面从口袋里掏出一小张叠得很平整的小日历纸，在一九七六年一月八日的下面，印着"农历乙卯年十二月八日"字样。他把这张小纸送到我眼前说："您看，这是妈妈保留下来的。周爷爷的忌辰，就是腊八！"

我没有说什么，只泫然地低下头去，和他们一同剥起花生来。

1979 年 2 月 3 日凌晨

4 厨房的秘密

——《舌尖上的中国》第五集

  《舌尖上的中国》是中央电视台播出的美食类纪录片,主要内容为中国各地美食生态,通过中华美食的多个侧面,来展现食物给中国人生活带来的意识、伦理等方面的文化;影片让我们见识中国特色食材以及与食物相关、构成中国美食特有气质的一系列元素,了解中华饮食文化的精致和源远流长。纪录片制作精良,制作 7 集内容耗时 13 个月,2012 年 5 月在央视首播后,在网络上引起了广泛的关注。

  郑板桥有词曰:"稻穗黄,充饥肠;菜叶绿,作羹汤。味平淡,趣悠长。万人性命,二物耽当。"包容与吸收,精致与实用,历史与人情,美食给了中国人生命,中国人赋予了美食灵魂。——开篇词

  与西方"菜生而鲜,食分而餐"的饮食传统文化相比,中国的菜肴更讲究色、香、味、形、器。而在这一系列意境的追逐中,中国的厨师个个都像魔术大师,都能把"水火交攻"的把戏玩到炉火纯青的地步,这是 8000 年来的修炼。我们也在这漫长的过程中经历了煮、蒸、炒三次重要的飞跃,他们共同的本质无非是水火关系的调控,而至今世界上懂得蒸菜和炒菜的民族也仅此一家。

  要统计中国菜的菜品数量,毫无争议地划分菜系,是一件几乎不可能完成的事。烹炒煎炸蒸,火候,食材,调味……有时候,这些显得简单,有时候却又无比复杂。中国的厨房里,藏匿着什么样的秘密?是食材、佐料、调料的配比?是对时间的精妙运用?是厨师们千变万化的烹制手法?这不是一道简单的数学题。

  这顿午餐是为了犒劳邻居们。每年的 11 月份,尼西乡的人们都要给青稞地施肥。为了不错过最佳的时机,各家之间互相帮忙。在今天,他们的耕种方式、生活习惯,依然还保持着原样。

扎西是个黑陶匠人,这里的人们固执地认为,用黑陶烹制出的菜肴,拥有特殊的好滋味。黑陶能承担的烹饪方法,就是煮。"煮"这种烹饪方式,与陶制炊具的诞生息息相关。陶器诞生之前,人们不一定能想到,他们的后代会吃出这么多花样。能够在烧和烤之外找到另一种让食物变熟的方法,在当时已经是一种惊喜和飞跃。

这里的人们有着自己的生活哲学,并不追求过于精致的生活习惯。作为水和火之间的媒介,它将温度传给食材,让美味释放出来。看似简单的沸腾下,却蕴藏着尼西人厨房的秘密。这秘密流传了几千年后,当初的"惊喜"已经变成日常的烹制手法。

中国人最早将"蒸"带入厨房,也创造了海量的蒸制菜肴。重阳节这天,是欧阳广业的四十岁生日。晚上之前,他要准备一场大型村宴,压力可想而知。村宴的场地是不固定的,灶台也须临时搭建。这样的炉灶,对于村宴再合适不过。广东是美食之乡,这看上去毫无秘密可言的厨房,却要满足这里挑剔的食客。

在中国的村宴里,蒸菜往往是主角。蒸是中国菜烹饪法的基本方式之一。在人们发现油脂的快速加热功效之前,蒸被认为比煮加热更快,并且更容易保持食材的完整形状。历史上,"蒸"字曾经和"祭"字同义。牺牲、祭品要保持完整形状。而水蒸气的运作,使热量比较均匀弥散于容器中,也使得蒸一整头猪成为可能。

在广东,人人几乎都是美食家,他们对菜肴有着几近苛刻的要求。蒸猪是今天宴席的压轴菜。作为一场成功的村宴,家人团聚,老友相会是重要的,美味传达出的满足感也必不可少。

离开故乡25年后,72岁的居长龙从日本回到扬州。他终于有机会来到熟悉的冶春茶社,再次品味熟悉的味道。

淮扬菜本身的最大特点,是将寻常的食材精雕细琢后,以华丽的姿态登场。这里面,中国厨房的另一大秘密——刀工的作用首当其冲。西餐的厨师,每个动作都有相应的刀具;中餐的厨师手中的一把刀,却能行出无数种刀法。中国菜的刀法之所以如此丰富,正因为它从来不是简单的"化整为零"。19岁开始,居长龙用三年的刻苦努力,将一把刀运用到纯熟。但刀工对年龄有着苛刻的要求,72岁的他,现在已经很少展示自己的刀工绝活了。

每一天,周赛群都会和一群孩子在一起,授业传道,试图把三十余年的经验悉数教给他们。无论天资如何,一年级的学生都必须在练习基本功的同时尽快掌握更多菜品的制作方法。

当今的中国,每座城市外表都很接近。唯有饮食习惯,能成为区别于其他地方的标签。湖南菜香辣,"香"主要来自油脂。中国人的厨房少不了各种油脂,古人用油脂来对食材迅速加热,无疑是节省燃料的好方法。在今天,无论再多理论申明油脂过量的危害,中国人依然离不开那特有的脆爽口感。无论这是否矛盾,油脂的运用,是中国人对烹饪方法的莫大贡献。

这里是一家高级酒店的中餐厨房,所有的厨具应有尽有。国际名厨梁子庚,却打算用这些厨具来做一样不起眼的美食——咸鸭蛋。

尽管在全球很多国家的高级酒店做过总厨,梁子庚完成了对中西方烹饪的化学式理解。但骨子里,他还是最中意食物本来的料理方式。今天他要和老友搭档,做杭州菜——西湖醋鱼,这是一道对火候要求非常高的菜。他们将一条鱼剖开两半,一半余水,一半过油。两种做法都需要在恰当的时机将鱼下锅和出锅,否则会直接影响到西湖醋鱼特殊的鲜嫩口感。出锅后,两种做法的鱼在同一个盘子中合璧,浇上炒好的糖醋,美味看上去就已经呼之欲出。

不过,遗憾的是,腌制一个月的咸鸭蛋,并不算成功。对于好奇的厨师来说,永远会有未知的美味等待解密。小小的一枚咸鸭蛋,照样能难倒一位国际名厨。

对于专业的厨师来说,厨房的秘密是他们一生的财富。对于普通人来说,厨房的秘密则更多的和他们的青春、情感、记忆联系在一起。

李羡有就是这样的香港人,她今天打算自创一道新菜。这道菜是用鸡蛋液把肉馅封在柚子皮里,先煎,再浇入成品高汤煨制。和大多数主妇一样,李婆婆不曾受过专业的厨艺训练,她每天炖的汤、烧的菜,既没有与众不同的卖相,更没有出神入化的手段。然而,这并不妨碍大多数中国人对"妈妈菜"的眷恋。

厨房的秘密,表面上是水与火的艺术。说穿了,无非是人与天地万物之间的和谐关系。因为土地对人类的无私给予,因为人类对美食的共同热爱,所以,厨房的终极秘密就是——没有秘密。

 读后感悟

提示:厨房的终极秘密可能只有一个字,爱! 高手就是高手,无论他是将各种手段传授与他人,或是出版成册造福大众,绝大部分的模仿者很难成为高手。因为高手能根据不同的地点、环境、温度、食材、调料等,凭着丰富的经验和专业的直觉,可以做到见招拆招,始终可以保持较高的水准,而这些的确很难被理解更难被复制。

 思考与练习

1. 文章表达出了一种人与人的感情、一种传承与发展,你认为真正迫切需要发扬的应该是中华厨房里哪些底蕴、技艺和精神?

2. 你了解这些烹调方法并能书写出来吗:煎、炒、烹、炸、烧、烩、蒸、扒、煮、汆、熏、拌、溜、炝、酱、腌、煽、卤,你还了解哪些烹饪方法呢? 也请写出来。

 附　录

纵观整个7集构成的纪录片,其实一大半时间讲到的不是美食,甚至不是食物,而是那个地方的环境和人们的生活,这些鲜活的人物让观众乐于将自己代入,并产生共鸣。正像成语大多生成于具体历史情境,各种食材和料理方法,也都来自于一个有山有水的地域、一个有共同生活习性及风俗的族群,或者一个有情感有经历的个人之手。这是一种立体、全新的呈现,我们由此可以理解为什么某地会生长某种食材,某个食物为何如此制作,还有为什么当我们吃到某种并不惊艳的口味时,会想起母亲、家和故乡。

就像本片总编导陈晓卿美食博客中的那种意境:他带儿子回故乡吃早餐,点汤之后,又去附近端来糖糕、芝麻烧饼和油条,看着吃得满头大汗、心满意足的儿子,有种温暖的成就感,想起20年前父亲带自己来吃,彼时那关切的眼神和微笑,此刻正准确地浮现在他的脸上。陈晓卿说,再高级的厨师也没法还原某个家庭的氛围和拿手菜的味道,那种滋味,才下舌尖,又上心头。

至味入心,味到深处即是家。《舌尖上的中国》讲的不是美食,而是以食物为基点,向四周延展的"中国人的生活"。(李汉森《味到深处即是家》)

5 *谈 吃

夏丏尊

夏丏尊(1886—1946),名铸,字勉旃,号闷庵,别号丏尊,上虞崧厦人。我国著名文学家、教育家、出版家。早年曾入上海中西书院、绍兴府学堂(今绍兴一中)修业。16 岁中秀才,1905 年去日本留学。1908 年应聘任浙江两级师范通译助教,曾与鲁迅等参加反对尊孔复古的"木瓜之役",在浙一师积极支持校长经亨颐提倡新文化,被誉为"四大金刚"(夏丏尊、刘大白、陈望道、李次九被顽固势力称为"四大金刚")之一。"一师风潮"后离开一师,先后在湖南第一师范、春晖中学任教,曾与毛泽东同事,在春晖中学任国文教员兼出版部主任,并译成《爱的教育》。1946 年病逝于上海,归葬于白马湖故居"平屋"后象山上。

说起新年的行事,第一件在我脑中浮起的是吃。回忆幼时一到冬季就日日盼望过年,等到过年将届就乐不可支,因为过年的时候有种种乐趣,第一是吃的东西多。

中国人是全世界善吃的民族。普通人家,客人一到,男主人即上街办吃场,女主人即入厨罗酒浆,客人则坐在客堂里口嗑瓜子,耳听碗盏刀俎的声响,等候吃饭。吃完了饭,大事已毕,客人拔起步来说:"叨拢",主人说:"没有什么好的待你",有的还要苦留:"吃了点心去","吃了夜饭去"。

遇到婚丧,庆吊只是虚文,果腹倒是实在。排场大的大吃七日五日,小的大吃三日一日。早饭、午饭、点心、夜饭、夜点心,吃了一顿又一顿,吃得不亦乐乎,真是酒可为池,肉可成林。

过年了,轮流吃年饭,送食物。新年了,彼此拜来拜去,讲吃局。端午要吃,中秋要吃,生日要吃,朋友相会要吃,相别要吃。只要取得出名词,就非吃不可,而且一吃就了事,此外不必有别的什么。

小孩子于三顿饭以外,每日好几次地向母亲讨铜板,买食吃。普通学生最大的消费不是学费,不是书籍费,乃是吃的用途。成人对于父母的孝敬,重要的就是奉甘旨①。中馈②自古占着女子教育上的主要部分。"食不厌精,脍不厌细","沽酒,市脯","割不正",圣人不吃。梨子蒸得味道不好,贤人就可以出妻。家里的老婆如果弄得出好菜,就可以骄人。古来许多名士以至于费尽苦心,别出心裁,考案出好几部特别的食谱来。

不但活着要吃,死了仍要吃。他民族的鬼只要香花就满足了,而中国的鬼仍依旧非吃不可。死后的饭碗,也和活时的同样重要,或者还更重要。普通人为了死后的所谓"血食"③,不辞广蓄姬妾,预置良田。道学家为了死后的冷猪肉,不辞假仁假义,拘束一世。朱竹④宁不吃冷猪肉,也不肯从其诗集中删去《风怀二百韵》的艳诗,至今犹传为难得的美谈,足见冷猪肉牺牲不掉的人之多了。

不但人要吃,鬼要吃,神也要吃,甚至连没嘴巴的山川也要吃。有的但吃猪头,有的要吃全猪,有的是专吃羊的,有的是专吃牛的,各有各的胃口,各有各的嗜好,古典中大都详有规定,一查就可知道。较之于他民族的对神只作礼拜,似乎他民族的神极端唯心,中国的神倒是极端唯物的。

梅村⑤的诗道"十家三酒店",街市里最多的是食物铺。俗语说"开门七件事",家庭中最麻烦的不是教育或是什么,乃是料理食物。学校里最难处置的不是程度如何提高,教授如何改进,乃是饭厅风潮。

俗语说得好,只有"两脚的爷娘不吃,四脚的眠床不吃"。中国人吃的范围之广,真可使他国人为之吃惊。中国人于世界普通的食物之外,还吃着他国人所不吃的珍馐:吃西瓜的实、吃鲨鱼的鳍、吃燕子的窝、吃狗、吃乌龟、吃狸猫、吃癞蛤蟆、吃癞头鼋、吃小老鼠。有的竟吃到小孩的胞衣以及直接从人身上取得的东西。如果能够,怕连天上的月亮也要挖下来尝尝哩。

至于吃的方法,更是五花八门,有烤,有炖,有蒸,有卤,有炸,有烩,有醉,有炙,有熘,有炒,有拌,真正一言难尽。古来尽有许多做菜的名厨师,其名字都和名卿相一样煊赫地留在青史上。不,他们之中有的并升到高位,老老实实就是名卿相。

如果中国有一件事可以向世界自豪的,那么这并不是历史之久、土地之大、人口之众、军队之多、战争之频繁,乃是善吃这一事。中国的肴菜已征服了全世界。有人说中国人有三把刀为世界所不及,第一把就是厨刀。

不见到喜庆人家挂着的福禄寿三星图吗? 福禄寿是中国民族生活上的理想。画上的排列是禄居中央,右是福,寿居左。禄也者,拆穿了说就是吃的东西。老子也曾说过:"虚其心实其腹"，"圣人为腹不为目"。吃最要紧，其他可以不问。"嫖赌吃着"之中，普通人皆认吃最实惠。所谓"着威风，吃受用，赌对冲，嫖全空"，什么都假，只有吃在肚里是真的。

吃的重要更可于国人所用的言语上证之。在中国，吃字的意义特别复杂，什么都会带了"吃"字来说。被人欺负曰"吃亏"，打巴掌曰"吃耳光"，希求非分曰"想吃天鹅肉"，诉讼曰"吃官司"，中枪弹曰"吃卫生丸"，此外还有什么"吃生活""吃排头"等。相见的寒暄，他民族说"早安""午安""晚安"，而中国人则说："吃了早饭没有？""吃了中饭没有？""吃了夜饭没有？"对于职业，普通也用吃字来表示，营什么职业就叫作吃什么饭。"吃赌饭"，"吃堂子饭"，"吃洋行饭"，"吃教书饭"，诸如此类，不必说了。甚至对于应以信仰为本的宗教者，应以保卫国家为职志的军士，也都加吃字于上。在中国，教徒不称信者，叫作"吃天主教的"，"吃耶稣教的"，从军的不称军人，叫作"吃粮的"，最近还增加了什么"吃党饭""吃三民主义的"许多新名词。

衣食住行为生活四要素，人类原不能不吃。但吃字的意义如此复杂，吃的要求如此露骨，吃的方法如此麻烦，吃的范围如此广泛，好像除了吃以外就无别事也者，求之于全世界，这怕只有中国民族如此的了。

在中国，衣不妨污浊，居室不妨简陋，道路不妨泥泞，而独在吃上分毫不能马虎。衣食住行的四事之中，食的程度远高于其余一切，很不调和。中国民族的文化，可以说是口的文化。

佛家说六道轮回，把众生分为天、人、修罗、畜生、地狱、饿鬼六道。如果我们相信这话，那么中国民族是否都从饿鬼道投胎而来，真是一个疑问。

注　释

①奉甘旨：献上美好的食品。

②中馈：指妇女在家里主管的饮食等事。

③血食：指祭祀。古时杀牲取血，用以祭祀，所以叫"血食"。

④朱竹（chá）：（1629—1709）即清朝文学家朱彝尊。竹是他的号。浙江秀水（现在浙江嘉兴）人。

⑤梅村：（1609—1672）即明末清初诗人吴伟业。梅村是他的号。江苏太仓人。著有《梅村集》40卷。

读后感悟

　　提示:《谈吃》是夏丏尊先生的一篇杂文,虽曰杂文而主题鲜明,文思集中,行笔酣畅,少有直抒胸臆,只是尽情描写展现,不厌其详,立场态度寓于行间。

 思考与练习

　　1. 谈谈你对"早饭、午饭、点心、夜饭、夜点心,吃了一顿又一顿,吃得不亦乐乎,真是酒可为池,肉可成林"一句的理解。

　　2. 在吃文化上中国人表现出怎样的特点?联系实际,谈谈你对作者在《谈吃》中流露出来的情感倾向的认识。

 附　录

　　夏丏尊先生深怀悲悯忧虑之情,在《谈吃》的短文里以幽默讽刺的语言描绘了一幅中国人嗜吃成性的社会风俗画。

　　或许有人不屑于作者的夸大其词,甚至认为作者是杞人忧天,自寻烦恼。但是,作者确实睁眼看真了中国吃文化的现实:中国人对父母的"孝敬"不是关心父母的身体健康、生活冷暖、心理情绪与精神状况,而仅仅表现在"奉甘旨";中国人常常将自家老婆做得一手好菜当做炫耀的资本,骄示于人,而如果妻子蒸不出梨子的好味道,"贤人"便可以公然休妻;古来名士可以不做正经学问,而偏要弄出好几部特别的食谱来;中国人不但活着要吃,死了仍要吃;不但人要吃,鬼要吃,神也要吃,甚至连没嘴巴的山川也要吃;中国人无所不吃,诸如西瓜的实、鲨鱼的鳍、燕子的窝、狗、乌龟、蛇、狸猫、癞蛤蟆、癞头鼋、小老鼠甚至小孩的胞衣等;中国人吃的方法五花八门,诸如烤、炖、蒸、卤、炸、烩、醉、炙、熘、炒、拌等;中国人赋予"吃"字特别复杂的意义,言必称吃,无论平时的口头语、见面时的寒暄,还是职业的称呼等,都有实证。正因为如此,作者才不无幽默地调侃,如果中国有一件事可以向世界自豪的,那么这便是"善吃的一事"。作者深深地感慨:"中国的菜肴,已征服了全世界。""中国民族的文化,可以说是吃的文化。"以至于作者有些怀疑："那么中国民族是否都从饿鬼道投胎而来,真是一个疑问。"

很显然,作者对中国人以"吃"为人生第一要务的做法是极为反感的,对中国人嗜吃成性的社会风俗是满怀悲悯忧虑的,但作者的这种悲悯忧虑不是直白地表露,而是借助幽默讽刺的语言委婉地传达出来。诸如蹭饭成了一桩"大事",接连几天的大吃"真是酒可为池,肉可成林",用的是夸张语言;"古来许多名士以至于费尽苦心,别出心裁,考察出好几部特别的食谱来",讽刺名士的不务正业;"如果能够,怕连天上的月亮也要挖下来尝尝哩",于大胆想象中讽刺中国人吃得贪婪;做菜的名厨师地位之高,高得"其名字都和名卿相一样煊赫地留在青史上","老老实实就是名卿相",幽默之中不乏辛辣的讽刺。

(《幽默讽刺的〈谈吃〉》周志恩 http://www.qikan.com)

第二单元 吃的艺术

我国拥有无比辉煌的烹调艺术,就相应地发展出享用这烹调艺术的艺术,即吃的艺术。吃的艺术既包含了"艺术的吃",也包含了与"艺术的吃"有关联的一系列的文化现象。

最讲究吃的艺术的、最能为饮食文化的发展主沉浮的是文人,他们十分注重品味的方式、品味的顺序、品味环境的时空选择、进餐时种种高雅风趣的娱乐穿插、美食美器的追求,在吃的全过程中都洋溢着高雅的情趣。

不少文学大师富于吃的艺术:苏轼、曹雪芹、汪曾祺、符中士……真是不胜枚举!

6 老饕①赋

苏 轼

苏轼(1037—1101),字子瞻,号东坡居士,四川人。北宋政治家、散文家、书画家、文学家、词人、诗人、美食家,是豪放派词人的主要代表。一生仕途坎坷,学识渊博,天资极高,诗文书画皆精。其文汪洋恣肆,明白畅达,与欧阳修并称欧苏,为"唐宋八大家"之一;诗清新豪健,善用夸张、比喻,艺术表现独具风格,与黄庭坚并称苏黄;词开豪放一派,对后世有巨大影响,与辛弃疾并称苏辛;书法擅长行书、楷书,能自创新意,用笔丰腴跌宕,有天真烂漫之趣,与黄庭坚、米芾、蔡襄并称宋四家,其作《黄州寒食帖》被誉为天下第三行书;画学文同,论画主张神似,提倡"士人画"。著有《苏东坡全集》和《东坡乐府》等。

庖丁②鼓刀,易牙③烹熬。水欲新而釜欲洁,火恶陈而薪恶劳。九蒸暴而日燥,百上下而汤鏖④。尝项上之一脔⑤,嚼霜前之两螯。烂樱珠之煎蜜,浇⑥杏酪之蒸羔。蛤半熟而含酒,蟹微生而带糟。盖聚物之夭美,以养吾之老饕。婉彼姬姜⑦,颜如李桃。弹湘妃之玉瑟,鼓帝子之云璈⑧。命仙人之萼绿华⑨,舞古曲之郁轮袍⑩。引南海之玻黎,酌凉州之蒲萄。愿先生之耆⑪寿,分余沥⑫于两髦⑬。候红潮于玉颊,惊暖响⑭于檀槽⑮。忽累珠之妙唱,抽独茧⑯之长缲⑰。闵手倦而少休,疑吻燥而当膏。倒一缸之雪乳,列百椀⑱之琼艘。各眼滟于秋水,咸骨醉于春醪⑲。美人告去已而云散,先生方兀然而禅逃。响松风于蟹眼,浮雪花于兔毫。先生一笑而起,渺海阔而天高。

注 释

①饕:贪财、贪食者。老饕是贪吃的意思,不是一般的贪吃,而是一副大呼小叫、狼吞虎咽的吃相。饕餮(tāo tiè),贪吃的人。

②庖丁:古代一位刀功极好的厨师,曾为文君解牛。

③易牙:春秋时齐桓公宠幸的近臣,长于调味。

④鬻:同熬。

⑤胾:小块肉。

⑥滃(wēng):大水沸涌的样子。水耗初而釜治,火增壮而力均,滃嘈杂而廉清,信净美而甘分。——宋·苏轼《菜羹赋》

⑦姬姜:春秋时,姬为周姓;姜,齐国之姓,故以"姬姜"为大国之女的代称,也用作妇女的美称。

⑧璈(áo):古代乐器。"上元夫人自弹云林之璈,歌步玄之曲。"——《康熙字典》

⑨萼绿华:仙女的名字,相传是九嶷山中得道的女仙。

⑩郁轮袍:琵琶曲名,相传是唐朝诗人王维所作。

⑪耆(qí):古称六十岁曰耆。亦泛指寿考。

⑫余沥:本指酒的余滴;剩酒。今多喻别人所剩余下来的点滴利益。

⑬两髦:古代一种儿童发式,发分垂两边至眉,谓之"两髦"。

⑭暖响:杜牧《阿房宫赋》:"歌台暖响,春光融融。"意为歌台因为歌声而暖,有如春光融融。

⑮檀槽:檀木制成的琵琶、琴等弦乐器上架弦的槽格。亦指琵琶等乐器。

⑯蠒(jiǎn):古同"茧"。"蚕食桑老,绩而为蠒。"

⑰缫:抽丝的意思,同"缲",音sāo。

⑱柂(lí):柯柂,古代一种酒名。

⑲醪(láo):本指汁滓混合的酒,后亦作为酒的泛称。

 读后感悟

提示:苏东坡的诗词书稿中与美食有关的文字不胜枚举,如果你想说《东坡集》是半本食谱,我觉得一点也不为过。苏东坡不是那种冠冕堂皇的道德君子,饕餮之中自有真性情。

思考与练习

1.流畅、准确地朗读全文。

2.毫无疑问,苏东坡是中国历史上一位超一流的美食家。我们所说的美食家,不是说他一生糟蹋过多少龙肝凤胆、山珍海味,赴过几回满汉全席的宴会。主要是说他能够真正懂得食物的价值,了解每一种食物的妙处,粗茶淡饭也能品尝出无限的滋味。当然,吃喝之后,还得吟诗作赋,用语言把食物的妙处、吃喝时的美好体验——表现出来,就像苏东坡那样。你认为美食家还需要有怎样的品质呢?

3.背诵苏东坡关于饮食的诗词:

惠州一绝

罗浮山下四时春,卢橘杨梅次第新;

日啖荔枝三百颗,不辞长作岭南人。

苏东坡被贬惠州时作此诗。岭南两广一带在宋时为蛮荒之地,罪臣多被流放至此。在这首七绝中表现出他素有的乐观旷达、随遇而安的精神风貌,同时还表达了他对岭南风物的热爱之情。

惠崇春江晚景

竹外桃花三两枝,春江水暖鸭先知。

蒌蒿满地芦芽短,正是河豚欲上时。

惠崇是个和尚,宋代画家。这首诗是苏轼题在惠崇所画的《春江晚景》上的。在诗中,味美却有毒的河豚也成了苏轼常吃常新的美味,这首逍遥自在的七言绝句,写了春天的竹笋、肥鸭、野菜、河豚,真可谓是一句一美食。

打油诗

无竹令人俗,无肉使人瘦,

不俗又不瘦,竹笋焖猪肉。

传说苏东坡用其情有独钟的竹笋和猪肉一起煮,在一次美食派对上,他信手写下了这首打油诗。

附 录

（一）苏轼此文一般被认为是研究饮食之道。课文大意（部分）：由疱丁来操刀、易牙来烹调，所选的两位大厨都是顶尖的高手。选好厨师后，就要准备烹任用具和用品了。烹调用的水要新鲜，锅碗等用具一定要洁净。千万不要用久存的水，柴火也要烧得恰到好处。烹调的方法也多种多样，有时候要把食物经过多次蒸煮后再晒干待用，有时则要在锅中慢慢地文火煎熬。接着就是配菜和做菜了。吃肉只选小猪颈后部那一小块最好的肉；而螃蟹呢，只选秋风起、霜冻前最肥美的螃蟹的两只大螯（脚）。把樱桃放在锅中煮烂煎成蜜；用杏仁浆蒸成精美的糕点。蛤蜊要半熟时就着酒吃；蟹则要和着酒糟蒸，稍微生些吃。精美的筵席准备好后，还要有音乐与歌舞。要由端庄大方、艳如桃李的女子弹琴奏乐，并请仙女萼绿华就着"郁轮袍"优美的曲子翩翩起舞。奏乐所用的乐器是湘妃用过的玉瑟和尧帝的女儿用过的云璈璈。要用珍贵的南海玻璃杯斟上葡萄美酒。……在苏东坡看来，精美的菜肴、优美的乐曲、仙女的舞姿，只有以葡萄美酒相配，才是真正的人生享受。

（二）"饕餮"本是为人所不齿的"好吃鬼"，但苏轼却曾以此怪兽自喻，并作《老饕赋》："盖聚物之天美，以养吾之老饕。"从此，"老饕"遂成为追逐饮食而又不失其雅的文士的代称。这些文士不但善于品味饮食，甚至不乏擅长烹饪者，什么"东坡肉"、"潘鱼"、"谭家菜"……真可谓不胜枚举。古代的暂且不说，现代的文人雅士如梁实秋先生、王世襄先生、汪曾祺先生以及赵珩先生等，皆是此道高手。不读不知天下之大，虽然美食是一种很个性化的爱好，但是每每读到那些文字，不禁留恋这个世间，那些前人吃出来的经验是一种沉淀下来的快乐哲学，教我们去吃，教我们去爱，教我们去生活。

（三）苏轼逸闻

1. 东坡肉

苏轼被贬黄州的时候，有著名的《猪肉颂》打油诗："黄州好猪肉，价钱等粪土。富者不肯吃，贫者不解煮。慢著火，少著水，火候足时它自美。每日起来打一碗，饱得自家君莫管。"这里的"慢著火，少著水，火候足时它自美"，就是著名的东坡肉烹调法了。苏东坡后来任杭州太守，修苏堤，兴水利，深受百姓爱戴。而这"东坡肉"也跟着沾光，名噪杭州，成了当地的一道名菜了。

这"东坡肉"的具体做法是五花肉切成大块，加葱、姜、酱油、冰糖、料酒，慢火细焖而成。

通俗一点说,就是大块煮烂的红烧肉。这"烂煮肉"应不限于猪肉,东坡还曾"烂蒸同州羊羔,灌以杏酪,食之以匕不以箸",即是说把羊肉蒸得烂熟,用筷子夹不起来,只好用羹匙舀着吃。这倒有些像今天北方饭馆里流行的"新乡红焖羊肉"。东坡的另一个拿手好菜是"芹芽鸠肉脍"。它是以冬季的"雪花芹菜"和斑鸠肉杂以别料经细切而烹制的。《东坡八首》第三首中说:"泥芹有宿根,一寸嗟独在。雪芽何时动,春鸠行可脍。"自注:"蜀人贵芹脍,杂鸠肉为之。"禽味加芹味,这道菜可说是鲜美之极。

2. 东坡鱼

苏轼不仅是文学大家,在美食上也很有一手,除了广闻人知的东坡肘子外,苏学士还擅长烧鱼,其烹制的鱼堪称一绝。一次,苏轼雅兴大发,亲自下厨做鱼,刚刚烧好,隔着窗户看见黄庭坚进来了(黄庭坚是中国古代四大字体蔡苏米黄宗祖之一,是苏轼挚友,两人经常以斗嘴为乐)。知道又是来蹭饭揩油,于是慌忙把鱼藏到了碗橱顶部。黄庭坚进门就道:"今天向子瞻兄请教,敢问苏轼的苏怎么写?"苏轼拉长着脸回应:"苏者,上草下左鱼右禾。"黄庭坚又道:"那这个鱼放到右边行吗?"苏轼道:"也可。"黄庭坚接着道:"那这个鱼放上边行吗?"苏轼道:"哪有鱼放上面的道理?"黄庭坚指着碗橱顶,笑道:"既然子瞻兄也知晓这个道理,那为何还把鱼放在上面?"一向才思敏捷的苏轼,这次被黄庭坚整了个十足!

7 红楼饮馔[①]谈

周汝昌

周汝昌(1918—2012),生于天津,本字禹言,号敏庵,后改字玉言,别名解味道人,曾用笔名念述、苍禹、雪羲、顾研、玉工、石武、玉青、师言、茶客等。我国著名红学家、古典文学研究家、诗人、书法家,新中国红学研究第一人,享誉海内外的考证派主力和集大成者,堪为当代"红学泰斗"。平生有70多部学术著作问世,其红学代表作《红楼梦新证》是红学史上一部具有开创和划时代意义的重要著作,奠定了现当代红学研究的坚实基础。另在诗词、书法等领域所下工夫甚深,贡献突出,曾编订撰写了多部专著。

不知由于什么原因,《红楼梦》的读者和研究者之中有些人总以为曹雪芹是个"讲吃讲喝"的作家。这其实是一个错觉。雪芹在他的小说中写及饮食,正如他写及音乐、书画、诗词、服饰、陈设、玩器……一样,只是为了给人物、情节"设色",并借以表达他的美学观而已。雪芹是从不肯为"卖弄"什么"学问"而显露一大套"描写"的。懂了这个道理,就不难识破有人看见小说涉及了放风筝就造出什么"风筝谱",看见小说涉及了饮食就造出了什么"食谱"……之类的"构思"的马脚。然而,只因此故,就不能谈一谈《红楼梦》里的饮食了吗?那当然也不至于,还是有得可说的。

雪芹注意写什么"饮"?先就是茶。

一提茶,也许人们要大谈"品茶栊翠庵"。不过最好莫要忘记,开卷才叙林黛玉初到荣国府,就有特笔写茶。你看,林姑娘第一次用罢了饭,"各有丫鬟用小茶盘捧上茶来"。叙到此句之后,雪芹便设下了一段话:"当日林如海,教女以惜福养身,云:饭后务待食粒咽尽,过一时,再吃茶,方不伤脾。……"黛玉自幼既然受父之教,此时见刚刚饭毕立即捧上茶来,以为"这里许多事情不合家中之式,不得不随的……因而接了茶。"哪里知道,"早又见有人捧过漱盂来",黛玉一下子明白了,"原来这茶并非为饮用而设",于是"也照样漱了口"。及至"盥手毕,又捧上茶来,——这方是吃的茶。"

你看,仅仅是一个茶,便写得如许闲闲款款,曲曲折折,真是好看煞人!本文不是谈文论艺,只好撇下雪芹的文心,且讲饮茶的道理。

今天的人大抵都具备一点医学知识,当然知道了:一、茶中有一种碱,食后用茶漱口("漱口茶"作为专名,见于《红楼梦》的后文),除起清洁作用外,更要紧的是它能对防治牙齿的酸蚀大大有益。二、食后立即喝茶,碱却"中和"胃酸,减弱了消化力,久而久之,定会"伤脾",一丝不假。雪芹哪里通"西医"、懂"科学"?但是看他写林府和贾府对茶的运用,完全说明他对茶的性能功用却有十分科学的认识。

曹雪芹是喝酒的大行家,这一点大概用不着再做什么"考证",可是你看《红楼梦》可有什么专设一节大讲"酒论"的地方?只这一例,充分证明了我上文所言雪芹断不肯为卖弄而浪费笔墨的道理。因此,除了凤姐儿让赵嬷嬷尝尝贾琏从江南带来的惠泉酒之外,几乎没有任何"讲究"酒的文字可寻了。他写喝酒的场面是很不少的,唯对酒的名色、特点有关情况,一字不谈,这一点特别令人诧异。其中当有缘故,不会是偶然现象。比如,他写茶还用特笔叙出:宝玉专用枫露茶,贾太君不喝六安茶;而对酒,却连这种笔迹也不见书中。以此可知,艺术大师,是不宜以琐儒陋见来轻作雌黄的。自然,作伪者也就没办法造出一篇"雪芹论酒"。

《红楼梦》写"吃"最有趣的当然首推有刘姥姥在场的时候,这个人人都知道。可怜的姥姥,进了荣国府,见了那桌上的菜,一样也不认得,叫不上名堂来,只看见是"满满的鱼肉"——她第一次入府等待着凤姐儿用午饭已毕,菜撤下来,"桌上盘碗森列,仍是满满的鱼肉在内,不过略动了几样"。等她后来再入府,投了贾母的缘,成为"上客"时,用饭时坚不相信一道菜是茄子做的。经凤姐"说服"、"保证"之后,她还是半信半疑——这才是大文学家笔下写一种真的称赞和评价。低级作家便只会写姥姥"极口"夸"这茄子香死人了"——由此,才引起那段脍炙人口的"茄鲞②论"来。

一位同志对我说过:有人真的按照凤姐所教给的,如法炮制,做出了茄子,但是结果并不太好吃。

有人认为这很意外。也许此正在理中。为什么?第一是仿制者只循文字,未得心传;第二是忘记了凤姐此刻并非真是向姥姥传授"御膳"秘法,其中倒有一部分是张皇其词,以示珍奇富有——向姥姥夸耀,欺侮乡下人老实罢了。如果真信了她的每一句话,就未免太天真。

"一两银子一个"的鸽子蛋,不过是吓唬姥姥的,天下本无是事的。要知道,当时一两银子的购买力是多么大。

然而,上述云云,艺术之理,读《红楼梦》者不可不知也;如果你又因此认为凤姐的话全无一点道理,那可真是"扶得东来又倒西",是被形而上学的流行病害得半身不遂了。若问这道理又何在?我看从这里能真看出雪芹对我们烹饪之学的精义,深有体味。

原来,猩唇熊掌,凤髓龙肝,纵令珍馐奇品,动色骇闻,毕竟不是日用之常,必需之列。真会考究饮食要道的,本不在这些上见其用心,示其豪侈。真会讲饭菜的,只是在最普通的常品中显示心思智慧、手段技巧。例如茄子一物,可谓常品之常,"贱"(谓价钱也)蔬之贱者也,可是,这种东西的"变化性"最为奥妙。穷人吃茄子,白水加盐煮,大约最是难吃不过了。多加一点好"作料"(应写作"芍药",我已说过的),它就多变出一点美味来。"作料"百有不同,其美味乃百变各异。据老百姓的体会,单是一个"烧茄子",可有无数的做法和风味。素烧荤烧不同,油烧酱烧有异。肉烧,固好;偶尔有幸买着一点虾仁烧,那就大大"变"味。倘若是得了河蟹,那蟹黄熬肉烧,可称"天下之妙品"——从一般人家的水平来说,此语不为过也。如此一讲,于是我们虽然没吃过贾府的那茄子,总也可以"思过半矣"了吧。这茄子到了那地步,致使姥姥坚不肯信它是茄子,则其烹饪一道之为高为妙,至矣尽矣!

所以我以为,讲《红楼梦》的饮食,不在于"仿膳"式的照猫画虎——画也难成;只在于体会它的精义神理,亦即中国烹饪的哲理和美学观。

据说当年康熙大帝最得意的一味御膳,乃是豆腐。我的话又要说回来:夫豆腐者,最"贱"最普通的食品也,穷人做的白水加盐煮豆腐,大概也不会太好吃。加一点好"作料",它变一点美味。康熙那豆腐怎么做法,内务府的曹家人氏肯定是明白的;笔记上说当某大臣告老还乡时,康熙惜别,特意命御厨将那一味豆腐的做法传与那大臣的厨师,并告诉他"以为晚年终身之享用"。而这大臣回乡之后,每大宴宾客时,果然必定郑重以此"御赐豆腐"作为夸耀乡里、惊动口腹的一种最奇之上品。明白此理,也就明白茄子——二者现象虽殊,道理一也矣。

连带可以想到莲叶羹。这本无甚稀奇,也没贵重难得之物,只不过四个字:别致、考究,并且不俗,没有"肠肥脑满"气味。当薛姨妈说"你们府上也都想绝了,吃碗汤还有这些样子"时,凤姐答道:"借点新荷叶的清香,全仗好汤,究竟没意思……"我以为,要想理解曹雪芹的烹饪美学,须向此中参会方可。"没意思"乃是凤姐的身份和"观点",读书者切莫又参死句要紧,否则宝玉怎会想它?

《红楼梦》中写这些茄子等物,未必就引起我们每个人的三尺之涎,我自己就并不真感太大的兴趣,因为觉得它油太大,而且鸡味太甚。如若问我书中何物使我深有过屠门大嚼之愿,则我要回答说,这该是宝玉和芳官吃的那顿"便饭"。你看那是怎样的一个来由呢?皆因那日正值宝玉的生日,芳官是苏州女孩子,吃不惯"面条子"(生日寿面),又无资格上"台面"去喝酒(她自言一顿能喝二三斤惠泉酒——这是《红楼梦》里第二次特提此酒),独自闷闷地躺着,向厨房柳嫂传索,单送一个盒子来,春燕揭开一看,只见——"里面是一碗虾丸鸡皮汤,又是一碗酒酿清蒸鸭子,一碟腌的胭脂鹅脯,还有一碟四个奶油松瓤卷酥,并一大碗热腾腾碧莹莹蒸的绿畦香稻粳米饭。小燕放在案上,走去拿了小菜并碗箸过来,拨了一碗饭。芳官便说:'油腻腻的,谁吃这些东西。'只将汤泡饭吃了一碗,拣了两块腌鹅就不吃了。宝玉闻着,倒觉比往常之味有胜些似的,遂吃了一个卷酥,又命小燕也拨了半碗饭,泡汤一吃,十分香甜可口。小燕和芳官都笑了……"

这是一顿很"简单"的便饭,看其"规模",实在不算大,而在笔墨之间,令人如同鼻闻眼见那三四样制作精致的美味。我以为,这对我来说,确实比茄鲞之类引人的"食欲"。大观园里人,看来南方生长的小姐们人数占上风,她们家又有"金陵"地方的遗风,所以喜欢米食,全部书中,除面果子(点心)以外,几乎不写面食,只那"热腾腾碧莹莹"的绿畦香稻蒸饭,就写得"活"现,逼真极了!我是从小生长在"小站米"地区的人,对真正的、上等佳品粳稻,倒不生疏(有些南方人吃了一辈子的"米",自己以为吃的是最好吃的米,至老不识稻味,甚至连米有籼粳之分也不晓得,说与他小站佳米之奇香,竟茫然不解所语何义何味。他们读到此处,恐怕是没有多大"共鸣"的吧)。我从书中判断曹雪芹大概始终以米食为主,所以他写"饭"特别见长。

我又觉出贾府的人,"鱼肉"不为稀罕,但特别喜欢禽鸟一类。单是此一处,便写了蒸鸭腌鹅。记得另一处贾太君听报菜单有糟鹌鹑一味时,才说"这个倒罢了"("罢了",已经是极高的评价了,人家嘴里是不会说出什么"哎呀,这个可好吃"来的),就叫"撕点腿子来"。

其实,要想了解《红楼梦》中饮馔之事之理,必须首先向老太太请教学习才行。书中例子不少,有心之士,自可研味,恕不一一罗列。贾母是一位极高明的美学家,举凡音乐、戏曲、陈设、服饰……这种种考究,她可说都具有权威性的、最使人悦服的识见和理解,并且侃侃议论,头头是道。饮馔这门哲理艺术,当然也要推这位老太太为十足内行。她受过高度的文化熏陶和教养,虽是富贵之家的老太君,却无一点粗俗庸俗之气。她听曲、品笛,点一套《将军令》(琵琶弦子合奏)、《灯月圆》(吹打细乐);讲究窗纱颜色,布置房内铺陈,甚至赏鉴一位妇女的"人材"、"谈吐",她也无不有其十分高级的审美哲学与标准。贾府里的一切文化艺术(包括饮馔这一门在内)的水平与表现,没有这样的一位老太太是不能想象的。不过今天一般读者未必能在这一方面有所体会罢了。

我想借此指出的是,研究中国烹饪学,光知道饭庄的名厨师是老师,最多只懂了事情的一半。另一半必须抓紧去请教一些有经验的老年妇女们,这是忽视不得的。

注　释

①饮馔:饮食。饮:喝。饮酒、饮泣(泪流满面,流到口里,形容悲哀到了极点)。馔(zhuàn):饭食,吃喝,盛(shèng)馔。馔玉:陈设饮食。

②茄鲞:鲞(xiǎng),剖开晾干的鱼干,如"牛肉鲞"、"笋鲞"等,都是腌腊成干的片状物。"茄鲞",是切成片状(腌腊)的茄子干。

 读后感悟

提示:周汝昌先生别名"解味道人"。他既是《红楼梦》的解读之人,也是《红楼梦》饮馔中的解味之人。周老在红学的神坛上,纵横驰骋,播撒于红学的沃土中,使红学的丛林长得是枝繁叶茂,结得是硕果累累。周老那些书那些文,读罢,感觉红楼梦的每一个字每一句话、每一处园景、每一次宴飨,都是妙不可言,他真正是"解味"高人。作为烹饪专业的学生,读罢此文,你有一读《红楼梦》的冲动吗?

 思考与练习

1. 课文谈"饮",涉及茶和酒;"馔"则涉及多种美食,请举例说明。

2. 文中说:"原来,猩唇熊掌,凤髓龙肝,纵令珍馐奇品,动色骇闻,毕竟不是日用之常,必需之列。真会考究饮食要道的,本不在这些上见其用心,示其豪侈。真会讲饭菜的,只是在最普通的常品中显示心思智慧、手段技巧。"联系课文,试从茄子、豆腐、荷叶羹这些"贱蔬"菜式,谈谈你对这段文字的理解。

3. 茄鲞就是茄干,其实"鲞"过去就是"鱼干"的意思。《红楼梦》第四十一回写贾府的名菜"茄鲞"的做法,足足写下两三百字,在中国最有名的小说里,对一个菜竟描写得如此细致,真令人吃惊,请仔细品读:

贾母在大观园设宴,凤姐奉贾母之命夹了些茄鲞给刘姥姥吃,刘姥姥吃了说:"别哄我,茄子跑出这味儿来,我们也不用种粮食了,只种茄子了。"

凤姐儿听说,依言夹些茄鲞送入刘姥姥口中,因笑道:"你们天天吃茄子,也尝尝我们的茄子弄得可口不可口。"刘姥姥细嚼了半日,答道:"告诉我是什么法子弄的,我也弄着吃去。"凤姐儿笑道:"这也不难。你把才下来的茄子皮剥了,只要净肉,切成碎丁,用鸡油炸了,再用鸡脯子肉并香菌、新笋、蘑菇、五香腐干、各色水果,俱切成丁子,用汤煨了,将香油一收,外加糟油一拌,盛在瓷罐子里封严,要吃时拿出来,用炒的鸡瓜一拌就是。"刘姥姥惊叹:"我的佛祖,到得十来只鸡来配它,难怪这个味儿!"

 ## 附 录

(一)《红楼梦》以封建贵族青年贾宝玉和林黛玉的爱情悲剧为中心线索,通过贾、史、王、薛四大家族由盛到衰的发展历史,揭示了封建社会必然崩溃的历史趋势。

作者曹雪芹,名霑,字梦阮,号雪芹,清代作家。曹雪芹其实可称为"杂家",他诗词歌赋琴棋书画样样精通。有人说,写得出《红楼梦》这样一部巨著的,必须是集小说家、诗人、画家、书法家、音乐家、社会学家、医学家、建筑家、美食家甚至是爱情专家于一身的一个奇才。

(二)《红楼梦》中有关饮食生活的内容散见于各章各回,林林总总,至繁至细,可以毫不夸张地说,它是我国饮食文化的一部宝典。《红楼梦》中写到的饮料、糖果、茶点、菜肴、羹汤,以及成桌的筵宴菜肴,绝大部分都是精品,代表着当时饮食的最高水准,给人以炊金馔玉之感。更重要的是,它在写这些饮食生活的时候,总是结合原料产地、烹饪技术、生活习惯、民俗风情、礼仪制度、历史掌故……从而赋予饮食以文化的形式和内涵,显示了一种高雅的、诗意化的生活方式。

在《红楼梦》中,曹雪芹用了将近三分之一左右的篇幅,描述众多人物丰富多彩的饮食文化活动。就其规模而言,则有大宴、小宴、盛宴;就其时间而言,则有午宴、晚宴、夜宴;就其内容而言,则有生日宴、寿宴、冥寿宴、省亲宴、家宴、接风宴、诗宴、灯谜宴、合欢宴、梅花宴、海棠宴、螃蟹宴;就其节令而言,则有秋宴、端阳宴、元宵宴;就其设宴地方而言,则有芳园宴、太虚幻境宴、大观园宴、大厅宴、小厅宴、怡红院夜宴,等等,令人闻而生津。

据研究者统计,120回的《红楼梦》小说,描写到的食品多达186种。所有这些包括主食、点心、菜肴、调味品、饮料、果品、补品补食、外国食品、洗浴用品九个类别。其中主食原料11种,食品10种,点心17种,菜肴原料31种,食品38种,调味品8种,饮料23种,果品30种,补品补食10种,外国食品7种,洗浴用品4种。这186种食品有的详写,有的略写,有的随文而出,有的精心安排,名目繁多,精妙绝伦。

(选自 http://www.douban.com)

8 萝卜

汪曾祺

汪曾祺(1920—1997),江苏高邮人,中国当代文学史上著名的作家、散文家、戏剧家,京派作家的代表人物。早年毕业于西南联大,历任中学教师、北京市文联干部、《北京文艺》编辑、北京京剧院编剧。在短篇小说创作上颇有成就。著有小说集《邂逅集》,小说《受戒》、《大淖记事》,散文集《蒲桥集》,大部分作品收录在《汪曾祺全集》中。被誉为"抒情的人道主义者,中国最后一个纯粹的文人,中国最后一个士大夫。"

汪曾祺的散文求雅洁,少雕饰,克制而有神采,内敛而不宣泄,在平淡的叙述中,草木虫鱼,瓜果蔬菜,皆成情致。

杨花萝卜即北京的小水萝卜。因为是杨花飞舞时上市卖的,我的家乡名之曰"杨花萝卜"。这个名称很富于季节感。我家不远处街口的一家茶食店的屋下有一岁数大的女人摆一个小摊子,卖供孩子食用的便宜的零吃。杨花萝卜下来的时候,卖萝卜。萝卜一把一把地码着。她不时用炊帚洒一点水,萝卜总是鲜红的。给她一个铜板,她就用小刀切下三四根萝卜。萝卜极脆嫩,有甜味,富水分。自离家乡后,我没有吃过这样好吃的萝卜。或者不如说自我长大后没有吃过这样好吃的萝卜。小时候吃的东西都是最好吃的。

除了生嚼,杨花萝卜也能拌萝卜丝。萝卜斜切的薄片,再切为细丝,加酱油、醋、香油略拌,撒一点青蒜,极开胃。小孩子的顺口溜唱道:

人之初,鼻涕拖,

油炒饭,拌萝卜。

油炒饭加一点葱花,在农村算是美食,所以拌萝卜丝一碟,吃起来是很香的。

萝卜丝与细切的海蜇皮同拌,在我的家乡是上酒席的,与香干拌荠菜、盐水虾、松花蛋同为凉碟。

北京的拍水萝卜也不错,但宜少入白糖。

北京人用水萝卜切片,氽羊肉汤,味鲜而清淡。

烧小萝卜,来北京前我没有吃过(我的家乡杨花萝卜没有熟吃的),很好。有一位台湾女作家来北京,要我亲自做一顿饭请她吃。我给她做了几个菜,其中一个是烧小萝卜。她吃了赞不绝口。那当然是不难吃的:那两天正是小萝卜最好吃的时候,都长足了,但还很嫩,不糠;而且我是用干贝烧的。她说台湾没有这种水萝卜。

我们家乡有一种穿心红萝卜,粗如黄酒盏,长可三四寸,外皮深紫红色,里面的肉有放射形的紫红纹、紫白相间,若是横切开来,正如中药里的槟榔片(卖时都是直切),当中一线贯通,色极深,故名穿心红。卖穿心红萝卜的挑担,与山芋(番薯)同卖,山芋切厚片。都是生吃。

紫萝卜不大,大的如一个大衣口子,扁圆形,皮色乌紫。据说这是五焙子染的。看来不是本色。因为它掉色,吃了,嘴唇牙肉也是乌紫乌紫的。里面的肉却是嫩白的。这种萝卜非本地所产,产在泰州。每年秋末,就有泰州人来卖紫萝卜,都是女的,挎一个柳条篮子,沿街吆喝:"紫萝——卜!"

我在淮安第一回吃到青萝卜。曾在淮安中学借读过一个学期,一到星期日,就买了七八个青萝卜,一堆花生,几个同学,尽情吃一顿。后来我到天津吃过青萝卜,觉得淮安青萝卜比天津的好。大抵一种东西第一回吃,总是最好的。

天津吃萝卜是一种风气。五十年代初,我到天津,一个同学的父亲请我们到天华景听曲艺。座位之前有一溜长案,摆得满满的,除了茶壶茶碗,瓜子花生米碟子,还有几大盘切成薄片的青萝卜。听"玩艺儿"吃萝卜,此风为别处所无。天津谚云:"吃了萝卜喝热茶,气得大夫满街爬。"吃萝卜喝茶,此风确为别处所无。

心里美萝卜是北京特色。一九四八年冬天,我到了北京,街头巷尾,每听到吆喝:"哎——萝卜,赛梨来——辣来换……"声音高亮辽远。看来在北京做小买卖的,都得有个好嗓子。卖"萝卜赛梨"的,萝卜都是一个一个挑选过的,用手指头一弹,当当的;一刀切下去,咔嚓嚓的响。

我在张家口沙岭子劳动,曾参加过收心里美萝卜。张家口土质于萝卜相宜,心里美皆甚大。收萝卜时是可以随便吃的。和我一起收萝卜的农业工人起出一个萝卜,看一看,不怎么样的,随手就扔进了大堆。一看,这个不错,往地下一扔,啪嚓,裂成了几瓣。

"行！"于是各拿着一块啃起来，甜，脆，多汁，难以名状。他们说："吃萝卜，讲究吃'棒打萝卜'。"

张家口的白萝卜也很大。我参加过张家口地区农业展览会的布置工作，送展的白萝卜都特大。白萝卜有象牙白和露八分。露八分即八分露出土面，露出土面部分外皮淡绿色。

我的家乡无此大白萝卜，只是粗如小儿手臂而已。家乡吃萝卜只是红烧，或素烧，或与臀肩肉同烧。

江南人特重白萝卜炖汤，常与排骨或猪肉同炖。白萝卜耐久炖，久则出味。或入淡菜，味尤厚。沙汀《淘金记》写么吵吵每天用牙巴骨炖白萝卜，吃得一家脸上都是油光光的。天天吃是不行的，隔几天吃一次，想亦不恶。

四川人用白萝卜炖牛肉，甚佳。

扬州人、广东人制萝卜丝饼，极妙。北京东华门大街曾有外地人制萝卜丝饼，生意极好。此人后来不见了。

北京人炒萝卜条，是家常下饭菜。或入酱炒，则为南方人所不喜。

白萝卜最能消食通气。我们在湖南体验生活，有位领导同志，接连五天大便不通，吃了各种药都不见效，憋得他难受得不行。后来生吃了几个大白萝卜，一下子畅通了。奇效如此，若非亲见，很难相信。

萝卜是腌制咸菜的重要原料。我们那里，几乎家家都要腌萝卜干。腌萝卜干的是大红萝卜。切萝卜时全家大小一起动手。孩子切萝卜，觉得这个一定很甜，尝一瓣，甜，就放在一边，自己吃。切一天萝卜，每个孩子肚子里都装了不少。萝卜干盐渍后须在芦席上摊晒，水气干后，入缸，压紧，封实，一两个月后取食。我们那里说在商店学徒（学生意）要"吃三年萝卜干饭"，意谓油水少也。学徒不到三年零一节，不满师，吃饭须自觉，筷子不能往荤菜盘里伸。

扬州一带酱园里卖萝卜头，乃甜面酱所腌，口感甚佳。孩子们爱吃，一半也因为它的形状很好玩，圆圆的，比一个鸽子蛋略大。此北地所无，天源、六必居都没有。

北京有小酱萝卜，佐粥甚佳。大腌萝卜咸得发苦，不好吃。

四川泡菜什么萝卜都可以泡，红萝卜、白萝卜。

湖南桑植卖泡萝卜。走几步，就有个卖泡萝卜的摊子。萝卜切成大片，泡在广口玻璃瓶里,给毛把钱即可得一片,边走边吃。峨眉山道边也有卖泡萝卜的,一面涂了一层稀酱。

萝卜原产中国,所以中国的为最好。有春萝卜、夏萝卜、秋萝卜、冬萝卜、四秋萝卜,一年到头都有。可生食、煮食、腌制。萝卜所惠于中国人者亦大矣。美国有小红萝卜,大如元宵,皮色鲜红可爱,吃起来则淡而无味。异域得此,聊胜于无。爱伦堡小说写几个艺术家吃奶油蘸萝卜,喝伏特加,不知是不是这种红心萝卜。我在爱荷华南朝鲜开的菜铺的仓库看到一堆心里美,大喜。买回来一吃,味道满不对,形似而已。日本人爱吃萝卜,好像是煮熟蘸酱吃的。

 读后感悟

提示:这是一篇清新质朴的状物小品。作者从杨花萝卜写起,饶有兴致地铺叙各种各样的萝卜,写它们南北产地各异、大小粗细不一、青白颜色不同;又津津有味地介绍了萝卜的各种吃法。常人熟视无睹的萝卜,在作者笔下却充满了情趣,体现出一种丰厚的民俗文化内涵。作者以丰富的阅历、广博的知识、对生活的浓厚情趣,借萝卜这看似平常的物品,表达了一种执着的民族情结。

 思考与练习

1. 课文中作者写了多少种萝卜、多少种吃法？作者这样写是炫耀自己是个美食家吗?

2. 为什么作者说"萝卜原产中国,所以中国的为最好"？

3. 找出文章中能体悟人文情感的段落,并朗读课文的有关段落,仔细体味。

4. 本文在语言运用上有什么特点?

5. 萝卜青菜,各有所爱。汪老写萝卜,我们写白菜(或其他"贱"蔬)。

(学习仿写。仿思路,仿语言,仿人文内涵。后者有困难。留心观察生活中这样的事物。)

6. 推荐阅读汪曾祺的散文《多年父子成兄弟》、《昆明的雨》。

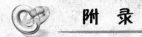 **附 录**

（一）汪曾祺博学多识，情趣广泛，爱好书画，乐谈医道，对戏剧与民间文艺也有深入钻研。他一生所经历的轰轰烈烈的大事可谓多矣，例如启蒙救亡、夺取政权、反右斗争、"文革"、改革开放，等等。但他深感现代社会生活的喧嚣和紧张，使读者形成了向往宁静、闲适、恬淡的心理定式，追求心灵的愉悦、净化和升华。人们都有这样的体验：狂泻喧腾的大瀑布之美固然可敬可畏，然而置身清丽澄明的小溪边，观鱼游虾戏，听流水潺潺，不也是让人忘掉精神疲惫而顿感其乐融融吗？汪曾祺把自己的散文定位于写凡人小事的小品，正是适应了中国读者文化心态和期待视野的调整。

汪曾祺《我为什么写作》，全诗如下：

我事写作，原因无它：从小到大，数学不佳。

考入大学，成天泡茶。读中文系，看书很杂。

偶写诗文，幸蒙刊发。百无一用，乃成作家。

弄笔半纪，今已华发。成就甚少，无可矜夸。

有何思想？实近儒家。人道其理，抒情其华。

有何风格？兼容并纳。不今不古，文俗则雅。

与人无争，性情通达。如此而已，实在无啥。

（二）汪曾祺与美食

从古至今的文人中好美食者为数也不少。明末张岱、清袁枚；今人陆文夫。喜美食又善于动手者，先生是也。汪曾祺先生不仅为文有大名，做菜也是一把好手，真是能者无所不能。有几个得意的拿手好菜汪先生在自己的数篇文章中提到："台湾陈怡真到北京来，我给她做了几个菜，有一道是烧小萝卜。我做的烧小萝卜确实好吃，因为是用干贝烧的。"这道菜主料不罕见——萝卜而已。萝卜是萝卜，但是汪先生要的萝卜难得。"北京的小水萝卜一年里只有几天最好。早几天，萝卜没长好，少水分，发艮，且有辣味，不甜；过了这几天，又长过了，糠。"美籍华裔作家聂华苓也吃过汪先生的佳肴："吃得非常开心，最后连汤汁都端起来喝了。"

茄子还是那个茄子，萝卜也还是那个萝卜，但进了大观园的茄子与到了汪先生家的萝卜，就不是那个茄子、萝卜了。

9 文人菜

符中士

符中士：美食家，中国光彩事业促进会项目部部长。著有《吃的自由》。

世界上只有中国有文人菜，这是一种独特的饮食文化现象。

什么叫文人菜，似乎至今还没有人严格界定过。以我的理解，称为文人菜，至少要具备两个条件：一是由文人动手制作，或者文人设计方案指导厨师制作出来的菜肴；二是制作的菜肴，要有独创性和一定的文化品位。至于那些出于"妻管严"或别的什么原因，不得不下厨房去对付几盆几碗，尽管是文人亲自动手制作，还是不能称为文人菜的。

林语堂先生曾经在一篇文章里，写过这么一段话，"没有一个英国诗人或作家肯屈尊俯就，去写一本有关烹调的书，他们认为这种书不属于文学之列，只配让苏珊姨妈去尝试一下。然而，伟大的戏曲家和诗人李笠翁却并不以为写一本有关蘑菇或者其他荤素食物烹调方法的书，会有损自己的尊严。另外一位伟大的诗人和学者袁枚写了厚厚的一本书，来论述烹饪方法。"语堂先生说得对，但还可以继续往下说。中国的文人，不光喜欢写有关烹调的书，还热衷于动手做菜，咱们中国，有诸如"东坡肉"、"云林鹅"、"祖庵菜"、"大千菜"等一大批文人菜，脍炙人口，广为流传。而在西方，却从没听说过有什么"莎士比亚牛排"、"巴尔扎克烤肉"、"达·芬奇鹅肝"、"凡高火鸡"一类的东西。

中国的文人热衷于做菜，与中国"以食为天"的基本国策有密不可分的关系。世界上最重视吃的国家是中国。中国人见面的第一句话，往往是问"你吃了吗"。你说在这样一个高度重视吃的国度里成长起来的文人，能对吃没有深厚的感情吗？尽管有一位被历代文人奉为祖师爷的大圣人，严厉教导过文人们要"君子远庖厨"，但很大一部分文人，没有盲目充当"凡是派"。吾爱吾师，吾更爱真理。祖师爷的这个教导，明显对"以食为天"的基本国策不利。不能因为是祖师爷讲的，就不加分析坚决照办。

对待饮食,中国人和西方人,是完全不同的两种态度。中国人把美味享受,当做饮食最大甚至全部的追求。钱钟书先生说过一段非常生动幽默的话,说中国人"吃饭有时像结婚,名义上最主要的东西,其实往往是附属品。吃讲究的饭事实上只是吃菜,正如讨阔佬的小姐,宗旨倒并不是女人。这种主权旁移,包含了一个转了弯的、不甚素朴的人生观。辨味而不是充饥,变成了我们吃饭的目的。舌头代替了肠胃,作为最后或最高的裁判"。而西方人则把营养和热量摆在第一位。衡量饮食好坏,首先是看有没有充足的营养和足够的热量,味道好不好在其次。从某种意义上可以说,西方把饮食看成为一门科学,中国则把饮食当做是一门艺术。

中国的文人,一般都对自然科学不感兴趣,而醉心于文学艺术。并且,特别重视对文学艺术的全面修养。我们经常听到这样的评价,说某某人是诗词歌赋书画琴棋样样精通。历史上也确有一些综合修养极高的文人。像苏东坡的诗、词、文章、书、画,王维的诗、画、音乐,郑板桥的诗、书、画等,都堪称一绝,达到了时代的高峰。

中国人把饮食烹饪当做是一种艺术,而中国的文人,又对文学艺术有广泛的兴趣和爱好,有些文人,就难免会自觉不自觉地涉足饮食烹饪这个艺术领域了。

另外,中国文人的那种传统的士大夫趣味,那种豁达率性的人生态度,那种自得其乐的生活方式,也使一些文人把下厨做菜作为一种娱乐消遣方式,当做一种积极的休息。

文人菜的一个突出特点,是它的思想性。

一般动物的吃,只是一种纯粹的生理行为,仅仅是为了生存活命。而人类的吃,则是一种社会行为,除了生存活命的目的,还有许多其他的意义。各种社会观念,必然要渗透到吃里来,通过饮食的形式,来表现它。就以赫赫有名的千叟宴、全羊宴、满汉全席为例来说吧。抛开它们烹饪技术上的成就不谈。一桌宴席,上它几十上百甚至两三百道菜,可谓极尽奢侈豪华铺张浪费之能事,这不是一种畸形的价值观的体现,又是什么? 先上什么,后上什么,怎么上,怎么吃,都有一套极为严格的规矩和程序,这难道不是那种至高无上的封建规格的体现吗? 一桌宴席,吃上它一整天,甚至一天一夜,身体不好的,累都累得差不多了,可是,谁也不能中途退席,而且还得正襟危坐,能说这是一种享受吗? 这完全是一种地地道道的扼杀人性的封建秩序。

文人菜,是对腐朽落后的饮食观的反叛。文人菜大多都是不依规矩,不守程序。通过饮食,去追求人性的解放、个性的舒展。苏东坡的一首《猪肉颂》:"净洗铛,少著水,柴头罨烟焰不起。待他自熟莫催他，火候足时他自美。黄州好猪肉，价贱如泥土。贵者不肯吃，贫者不解煮。早晨起来打两碗，饱得自家君莫管。"还有陆游的一首《食荠》："小著盐醯助滋味，微加姜桂助精神。风炉歊钵穷家活，妙诀何曾肯授人。"就是生动的写照。

文人菜一般都有很高的文化品位，经得起文化的咀嚼。

专业厨师和家庭主妇做菜，是一种一遍又一遍的重复劳动。而文人做菜，则是以一种自由的心态，带着一种新鲜感，怀着一种创造欲，去进行的一种艺术创作。他们把做菜升华到一种情趣、一个文化课题、一种创造生活美的过程。文人们都有很高的文化素养，不仅能对烹调的机理机制，作充分的推敲，而且能够把自己对艺术的种种真知灼见融入菜肴中去。这样，就很容易取得文化层面上的突破，达到文化上出奇制胜的效果。

文人菜一般都是以简取胜，以偏概全。用料不求高贵，加工不尚繁复。简而能精。以简单的形式，包含丰富的内涵。而且，还能化俗为雅。这往往和文人们在诗词书画中表现出来的自然真切，化通俗为奇崛的风格相一致。

文人菜是一个整体概念。具体到每一个人，又有各自不同的风格。

苏东坡是一位少有的极为可爱的文人，才气横溢，性格率真豪放旷达。不仅诗词书画令后世的我们心追手摹、神往不已，烹饪饮食，也堪称一绝。他创制的东坡肉、东坡肘子、东坡豆腐，至今还是许多餐馆的招牌菜。苏东坡创制的菜肴，一是用料都极普通，这当然是由于他喜欢通俗平易，但与他一生坎坷，屡遭谪贬，经常穷困潦倒，购买力一直不强也不无关系。二是制作方法都不太复杂。这与他在为诗为文为画时吝惜笔墨，追求简洁明快的风格，是同一种类型的手法。三是给人的感觉，绝无半点小家子气，豪迈、大气。和他率真豪放旷达而又不失幽默的性格，极相吻合。可谓"菜如其人"。我差不多每一次吃东坡肉、东坡肘子，都会不由自主地联想起他"大江东去，浪淘尽千古风流人物"的大气磅礴的诗句。

与苏东坡迥异的，是谭延闿。谭延闿字祖庵。辛亥革命次年加入国民党。曾任湖南省长兼督军，后官至国民党政府主席、行政院长。之所以把谭延闿归入文人一类，一是他曾当过晚清的翰林，二是写得一手好字，被誉为仅次于于右任的民国第二大书家。以谭延闿命名的祖庵菜，是文人菜中一个罕见的特例。一是谭本人并不亲自动手，而只是设计方案，指导家厨曹敬臣去制作。二是选料极为考究精良。几款有名的祖庵菜，祖庵鱼翅、红煨熊掌、透汁鹿筋、鸡汁鱼唇、糖心整鲍，用的不是山珍就是海味。唯一一款看去似乎平民化的祖庵豆腐，也要用子母鸡胸脯肉和老母鸡吊出的高汤。三是制作极其繁复精细。光讲泡发鱼翅，就要用三天的时间,而且要每天烧开两次,换水两次。至于烹制,那就可想而知了。祖庵菜,可说是一种豪华型的文人菜。不是官至高位的谭延闿,一般的文人是无法创制出来的。但不知什么原因,如今,在大陆已无人制作祖庵菜,只有在海峡彼岸的台湾省台北市,许多店家还高挂祖庵菜的招牌。据说,这些祖庵菜馆还颇有吸引力,但行家们都知道,大都名不副实,很少能吃到真正的祖庵菜。

张大千是举世闻名的画坛巨擘。早在四十多年前,就有南张(大千)北齐(白石)之称。大千先生除了绘画书法,诗词古文戏剧音乐的修养也极精到,而且,还特别擅长于烹调。用汪曾祺先生的话来说,是"真正精于吃道的大家"。我前年于友人处,见过一帧大千先生炒菜的照片。身着玄色寿字隐纹锦缎长袍、白髯垂胸的大千先生,兴致勃勃地一手操锅,一手挥铲。估计是七十多岁时所摄。大千先生做的菜,和他的画一样。大千先生年轻时,就上追宋元,深得董源、范宽之神髓。中年时远游敦煌,临摹了大量的北魏、唐宋壁画,吸收了丰富的民间绘画技法。到晚年,将唐代王洽以来的泼墨法,参以现代欧洲绘画的色光关系,最后形成了独树一帜的泼彩画法。大千先生的菜,亦如此。不受区域流派菜系的限制,广采博收,兼容并蓄,融汇南北,最终成为一种兼有各家所长的独特的风格。大千菜的集中表现,是大风堂酒席。大风堂,是大千先生画室书房兼会客室的室名。大千先生习惯在此室招待客人嗟谈艺事后,又在此室宴客,故名大风堂酒席。大风堂酒席的菜品不多,但款款制作精良。而且,整体设计特别合理,是一种非常优化的组合。整桌菜肴,宛如一支优美的乐曲,既流畅,又严谨,没有一个不和谐的音节音符。

特别值得一提的是大风堂酒席的菜单。菜单由大千先生亲自书写,书法遒劲古朴流畅,而且,像大千先生的其他书法作品一样,还题上款识,盖上印章。写法也不同于其他的菜单。不光写上每一道菜,还详详细细注明选什么料,用量多少,什么方法烹制,属于什么味型,以及上桌的程序等。不仅是研究大千菜的宝贵资料,也是艺术价值很高的书法珍品。岛内人士,争相收藏。

汪曾祺先生谈吃的文章,我一篇不漏地读过,但真正了解汪先生的为菜之道,还是有一次与汪先生聊了几个小时的吃。汪先生极谦虚,说他只是爱做做菜,爱琢磨如何能粗菜细作,说不上有什么大名堂。其实像汪老这样的文化修养,只要一"爱",只要一"琢磨",炒出几道好菜来,是不成问题的。汪老做的几款拿手菜,全都和他写的文章一样,不事雕琢,有一种返璞归真的韵致。汪老自己最得意的作品,是他创制的"塞肉回锅油条"。把吃剩变软的油条,切成寸半左右长的段,肉馅剁成泥,与切细的葱花、少量榨菜或酱瓜碎末拌匀;塞入油条段中,入半开的油锅中炸熟就行了。这道菜,用汪老自己的话说,是"嚼之酥脆,真可声动十里人"。而我想到的,却是化腐朽为神奇这句话。

 读后感悟

提示:这是一篇通过写吃表现饮食文化的散文:文人醉心于菜肴创新,把自己的艺术特色倾注在菜品之中,既有口感享受也有心灵的愉悦,做到了作品艺术风格和菜品制作风格相得益彰。本文作者丰厚的素养、幽默的调侃、独特的思维,令人从吃中增长知识、乐享情趣,以及对社会进行思考。学习本文要理解作者逐层深入的写作方法和对比的手法。

 思考与练习

1. 词语积累:

堪称一绝　赫赫有名　豁达率性　极尽奢侈　正襟危坐　扼杀人性　兼容并蓄

遒劲古朴　返璞归真

2. 为什么说世界上只有中国有文人菜? 什么叫文人菜?

3. 文中所举的文人菜,你最喜欢哪一种? 为什么? 你还能列举哪些文人菜名? 请写出来。

 附 录

(一)孔子说过"君子远庖厨"。而食色毕竟归人本性,对美味的追求,超过圣人教诲,于是便有许多文人研究美食。文人对美食的探讨,不同于大厨、名厨。大厨、名厨止于技艺,文人则侧重于对料"理"的追求,对美味的本真的探源,从日常生活的偶然发现中感悟美食的真谛,他们既是美的发现者,又是美的实践者、享用者,提升了饮食的品位,给人们的生活带来乐趣。

苏东坡的东坡肉，通过其诗文与文名广为流传；清末袁枚的随园食单，一向为文人推崇；赵珩的《老饕漫笔》，细数北京的美食掌故；王世襄则以老玩家的潇洒，教给人们天南地北的生活乐趣。此外还有周作人、梁实秋、陆文夫、汪曾祺、符中士等人，均为对美食有所心得者。文人们或亲自操刀掌勺，或凭游历交友时的酬酢见识，逐渐推衍出各自拿手的文人菜。书画界有文人画之说，据理论之，料理中也当有文人菜，遗憾的是传世精品不多。什么谭家菜等私房菜，早已被商品化，失去了本味。

真正的美食，需材、技、时、器、情、景等诸多条件，实难具备。即所谓美食、美器、美酒、美人、美好融洽的感情、清丽雅致的风景的统一。在这中间，惟美好的感情与美景不可或缺，美食的地位反倒退居其次，醉翁之意不在酒。读过一篇文章，作者记不清了，好像是汪曾祺作家回家乡采风，和一位交往多年的老渔翁打好招呼，傍晚时分，来到江边船上。老翁早把白天捕到的鲜鱼用土锅慢火炖熟，烫好当地的烧酒，两人有一搭没一搭地闲聊。月朗风清，小船微微浮荡……（《文人与美食》矫啸）

（二）谭延闿（1880—1930），字组庵，湖南茶陵县人，是中国近代史上的风云人物。他1904 年中进士、二十八岁点翰林，授翰林院编修，后与时偕行，支持立宪；辛亥鼎革，又赞成革命，追随孙中山，后与汪精卫合作，又与蒋介石结盟，直至逝世。且广交游，有"药中甘草"之誉；能治军，曾多次领军征讨，有"翰林将军"之称；善书法，为民国颜体第一人，时人以得其只字片纸为荣；喜吟咏，著有《祖盦诗集》、《慈卫室诗草》、《祖盦诗稿》等。

（三）张大千（1899—1983），别号大千居士，四川省内江市人。国画家，二十世纪中国画坛最具传奇色彩的人物。绘画、书法、篆刻、诗词无所不通。早期研习古人书画，后旅居海外，在山水画方面卓有成就。画风工写结合，晚期重彩、水墨融为一体，开创了泼墨泼彩的新风格。上世纪30 年代曾两度执教于南京大学（时称中央大学），担任艺术系教授。他在亚、欧、美举办了大量画展，蜚声国际，被誉为"当今最负盛名之国画大师"，仿古画作可以乱真，"骗"过不少鉴别大师。徐悲鸿说过："张大千，五百年来第一人。"

张大千在诗、书、画、印方面身怀绝艺外，对于烹饪技艺十分拿手。他晚年曾于台北寓所亲自烧了16 道菜宴请张学良夫妇。这十六道菜是：干贝鸭掌、红油豚蹄、菜薹腊肉、蚝油肚条、干烧鲤翅、六一丝、葱烧乌参、绍酒焗笋、干烧明虾、清蒸脆菘、粉蒸牛肉、鱼羹烩面、五爪肉片、煮元宵、豆泥蒸饺、西瓜盅。少帅对这十六道菜倍加赞赏。

（四）吃的艺术

在中国，大凡发明某一道菜或嗜食某一道菜者，其大名都可因此而与这道菜联系在一起，如"东坡肉"（苏东坡）、"西子鸡"（西施）和"大千鱼"（张大千）等。苏东坡是名副其实的"老饕"，他不仅善于品评饮食，而且还能亲自下厨烹制佳肴。苏东坡的拿手菜远不止"东坡肉"一种，还有"东坡羹"、"东坡豆腐"、"东坡肘子"、"东坡酥"、"东坡墨鱼"等。另外，已故名画家张大千先生，除了在诗、书、画、印方面身怀绝技外，在家里烹菜亦十分拿手。他生前每有贵客到访，必亲自下厨献艺。

纵观中国历史，最讲究吃的艺术、最能为饮食文化发展推波助澜的，还要数文人。说起文人，好像又可以分为几等。"君子固穷"的一辈只能吃些粗茶淡饭，自然与美食无缘。"学而优则仕"的达官显贵们，则早已把天底下的美食享用尽了，所以他们平常也无须去为美食花费心思。而真正能对饮食文化发展起推动作用的，多半都是文人中的小康一族。他们好吃又无力多吃，所以才会在吃的效益上多下工夫。久而久之，这些人便积累下了日益丰富的吃场真知灼见，足以为饮食的发展指路领航。尤值一提的是，那些帮闲文人终日充当着吃场陪客角色，而自己却从不付钞买单；他们虽然人品不一定高尚，但吃品方面的上者却大有人在。谁能堪称"上品吃家"，何谓"上品吃家"？唐振常在《中国饮食文化二题》中说："简言之，食有三品：上品会吃，中品好吃，下品能吃。能吃无非肚子大，好吃不过老饕，会吃则极其复杂，能品其美恶，明其所以，调和众味，配备得宜，借鉴他家所长化为己有，自成系统，乃上品之上者，算得上真正的美食家。要达到这个境界，就不是仅靠技术所能就，最重要的是一个文化问题。最高明烹饪大师达此境界恐怕微乎其微；文人达此境界较多较易，这就是因由所在。"

（杨乃济《吃喝玩乐——中西比较》）

第三单元　吃的哲学

知"味"是"吃"的一个标尺,如果仅仅停留在"吃"本身,那么这种"吃"确实没有什么值得自豪和夸耀的。只有从"吃"中品味出深意,才是"吃"的精髓所在。

中国人通过吃来合欢,又通过吃来推行礼教,即用吃来协调人际关系。

有些饮食文化就是体现人生态度的,与"吃"相关的饮食文化伦理色彩浓厚,表达人们的爱憎和好恶,与"吃"相关的饮食文化反映了人们的哲学思考,包含着丰富的哲理,是中国文化哲学的重要内容之一。

本单元选取了钱钟书、郑振铎、王力、蔡澜四位文化大师的作品为必读课文,又以林语堂的文章作为选读内容。

10 吃 饭

钱钟书

钱钟书(1910—1998),江苏无锡人,中国现代著名作家、文学研究家。出身于书香门第,幼承家学,天资过人,青少年时就喜好古经典籍,故而练就了文史方面的"童子功"。他在文学上是一个全才,既是一位大学者,又是一位大作家。书评家夏志清先生认为他的小说《围城》是"中国近代文学中最有趣、最用心经营的小说,可能是最伟大的一部"。钱钟书在文学、国学、比较文学、文化批评等领域的成就,推崇者甚至冠以"钱学"。有短篇小说集《人·兽·鬼》,散文集《写在人生边上》,学术著作《谈艺录》、《七缀集》、《管锥编》、《宋诗选注》等。其夫人杨绛也是著名作家。

吃饭有时很像结婚,名义上最主要的东西,其实往往是附属品。吃讲究的饭事实上只是吃菜,正如讨阔佬的小姐,宗旨倒并不在女人。这种主权旁移,包含着一个转了弯的、不甚朴素的人生观。辨味而不是充饥,变成了我们吃饭的目的。舌头代替了肠胃,作为最后或最高的裁判。不过,我们仍然把享受掩饰为需要,不说吃菜,只说吃饭,好比我们研究哲学或艺术,总说为了真和美可以利用一样。有用的东西只能给人利用,所以存在;偏是无用的东西会利用人,替它遮盖和辩护,也能免于抛弃。柏拉图在《理想国》里把国家分成三等人,相当于灵魂的三个成分;饥渴吃喝是灵魂里最低贱的成分,等于政治组织里的平民或民众。最巧妙的政治家知道怎样来敷衍民众,把自己的野心装点成民众的意志和福利;请客上馆子去吃菜,还顶着吃饭的名义,这正是舌头对肚子的借口,仿佛说:"你别抱怨,这有你的份! 你享着名,我替你出力去干,还亏了你什么?"其实呢,天知道——更有饿瘪的肚子知道——若专为充肠填腹起见,树皮草根跟鸡鸭鱼肉差不了多少! 真想不到,在区区消化排泄的生理过程里还需要那么多的政治作用。

古罗马诗人波西蔼斯(Persius)曾慨叹说,肚子发展了人的天才,传授人以技术(Magister

artising enique largitor venter）。这个意思经拉柏莱发挥得淋漓尽致，《巨人世家》卷三有赞美肚子的一章,尊为人类的真主宰、各种学问和职业的创始和提倡者,鸟飞、兽走、鱼游、虫爬,以及一切有生之类的一切活动,也都是为了肠胃。人类所有的创造和活动（包括写文章在内),不仅表示头脑的充实,并且证明肠胃的空虚。饱满的肚子最没用,那时候的头脑,迷迷糊糊,只配作痴梦;咱们有一条不成文的法律:吃了午饭睡中觉,就是有力的证据。我们通常把饥饿看得太低了,只说它产生了乞丐、盗贼、娼妓一类的东西,忘记了它也启发过思想、技巧,还有"有饭大家吃"的政治和经济理论。德国古诗人白洛柯斯（B. H. Brockes）做赞美诗,把上帝比作"一个伟大的厨师傅（Dergross Speisemeister)",做饭给全人类吃,还不免带些宗教的稚气。弄饭给我们吃的人,绝不是我们真正的主人翁。这样的上帝,不做也罢。只有为他弄了饭来给他吃的人,才支配着我们的行动。譬如一家之主,并不是挣钱养家的父亲,倒是那些乳臭未干、安坐着吃饭的孩子;这一点,当然做孩子时不会悟到,而父亲们也决不甘承认的。拉柏莱的话似乎较有道理。试想,肚子一天到晚要我们把茶饭来向它祭献,它还不是上帝是什么？但是它毕竟是个下流不上台面的东西,一味容纳吸收,不懂得享受和欣赏。人生就因此复杂了起来。一方面是有了肠胃而要饭去充实的人,另一方面是有饭而要胃口来吃的人。第一种人生观可以说是吃饭的;第二种不妨唤作吃菜的。第一种人工作、生产、创造,来换饭吃。第二种人利用第一种人活动的结果,来健脾开胃,帮助吃饭而增进食量。所以吃饭时要有音乐,还不够,就有"佳人"、"丽人"之类来劝酒;文雅点就开什么销寒会、销夏会,在席上传观法书名画;甚至赏花游山,把自然名胜来下饭。吃的菜不用说尽量讲究。有这样优裕的物质环境,舌头像身体一般,本来是极随便的,此时也会有贞操和气节了;许多从前惯吃的东西,现在吃了仿佛玷污清白,决不肯再进口。精细到这种田地,似乎应当少吃,实则反而多吃。假使让肚子做主,吃饱就完事,还不失分寸。舌头拣精拣肥,贪嘴不顾性命,结果是肚子倒霉受累,只好忌嘴,舌头也只能像李逵所说"淡出鸟来"。这诚然是它馋得忘了本的报应！如此看来,吃菜的人生观似乎欠妥。

不过,可口好吃的菜还是值得赞美的。这个世界给人弄得混乱颠倒,到处是摩擦冲突,只有两件最和谐的事物总算是人造的:音乐和烹调。一碗好菜仿佛一支乐曲,也是一种一贯的多元,调和滋味,使相反的分子相成相济,变作可分而不可离的综合。最粗浅的例如白煮蟹和醋,烤鸭和甜酱,或如西菜里烤猪肉（Roastpork）和苹果泥（Applesauce）、渗蟹鱼和柠檬片,原来是天涯地角、全不相干的东西,而偏偏有注定的缘分,像佳人和才子,母猪和癞象,结成了天造地设的配偶、相得益彰的眷属。到现在,他们亲热得拆也拆不开。在调味里,也有来伯尼支(Leibniz)的哲学所谓"前定的调和"(Harmonia praes tabilita),同时也有前定的不可妥协,譬如胡椒和煮虾蟹、糖醋和炒牛羊肉,正如古音乐里,商角不相协,徵羽不相配。音乐的道理可通于烹饪,孔子早已明白,所以《论语》上记他在齐闻《韶》,"三月不知肉味"。可惜他老先生虽然在《乡党》一章里颇讲究烧菜,还未得吃到三味,在两种和谐里,偏向音乐。譬如《中庸》讲身心修养,只说"发而中节谓之和",养成音乐化的人格,真是听乐而不知肉味人的话。照我们的意见,完美的人格,"一以贯之"的"吾道",统治尽善的国家,不仅要和谐得像音乐,也该把烹饪的调和悬为理想。在这一点上,我们不追随孔子,而愿意推崇被人忘掉的伊尹。伊尹是中国第一个哲学家厨师,在他眼里,整个人世间好比是做菜的厨房。《吕氏春秋·本味篇》记伊尹以至味说汤那一大段,把最伟大的统治哲学讲成惹人垂涎的食谱。这个观念渗透了中国古代的政治意识,所以自从《尚书·顾命》起,做宰相总比为"和羹调鼎",老子也说"治国如烹小鲜"。孟子曾赞伊尹为"圣之任者",柳下惠为"圣之和者",这里的文字也许有些错简。其实呢,允许人赤条条相对的柳下惠,该算是个放"任"主义者。而伊尹倒当得起"和"字——这个"和"字,当然还带些下厨上灶、调和五味的含意。

吃饭还有许多社交的功用,譬如联络感情、谈生意等,那就是"请吃饭"了。社交的吃饭种类虽然复杂,性质极为简单。把饭给自己有饭吃的人吃,那是请饭;自己有饭可吃而去吃人家的饭,那是赏面子。交际的微妙不外乎此。反过来说,把饭给予没饭吃的人吃,那是施食;自己无饭可吃而去吃人家的饭,赏面子就一变而为丢脸。这便是慈善救济,算不上交际了。至于请饭时客人数目的多少,男女性别的配比,我们改天再谈。但是趣味洋溢的《老饕年鉴》(Almanachdes Courmands)里有一节妙文,不可不在此处一提。这八小本名贵稀罕的奇书,在研究吃饭之外,也曾讨论到请饭的问题。大意说:我们吃了人家的饭该有多少天不在背后说主人的坏话,时间的长短按照饭菜的质量而定;所以做人应当多多请客吃饭,并且吃好饭,以增进朋友的感情,减少仇敌的毁谤。这一番议论,我诚恳地介绍给一切不愿彼此成为冤家的朋友,以及愿意彼此变为朋友的冤家。至于我本人呢,恭候诸君的邀请,努力奉行猪八戒对南山大王手下小妖说的话:"不要拉扯,待我一家家吃将来。"

读后感悟

提示:钱钟书先生的这篇随笔(也可称散文),读后觉得余味无穷。吃饭,乃人之生活的事,又确为平常之事。然在先生笔下,竟然会引发出那么多的知识和故事来,吃饭是政治家的装点,吃饭与音乐的关系、吃饭与赏花游山的关系等,吃饭中大有学问,吃饭中有万般气象,吃饭中有高深哲理。作者如同与你拉家常,就那么慢条斯理地细细道来,诸多人生哲理在作者的娓娓叙述中向读者自然随意地展示出来。

 思考与练习

文章开头说:"吃饭有时极像结婚,名义上最主要的东西,其实往往是附属品,正如讨阔佬的小姐,宗旨倒并不在女人。这种主权旁移,包含着一个转了弯的不甚朴素的人生观。"思考以下问题:

1. 吃饭和结婚有什么共同点?

2. 上段文字用了什么论证手法?

3. 转了弯的不甚朴素的人生观是什么?

 附 录

(一)钱钟书先生是大学问家,他的这篇《吃饭》,决无华丽的辞藻,像是不经意中信口说出来一样却给人留下深刻的印象,一篇短文,具有那么多的知识含量,足见作者的博学多才。"世事洞明皆学问,人情练达即文章。"题目是讲"吃饭",但你细细品味,这确实又不是纯粹讲吃饭的一篇普通作品,作者讲的是人生、哲学、政治,讲的是历史、艺术,怎么做人的道理。我想,没有高于大家的睿智,没有广博的哲学社会学知识,是决然写不出如此自然流畅而信息量丰富的文章的。

概括一下文章的要点:①文章开宗明义,以"吃饭有时很像结婚"批判了爱财不爱人的金钱婚姻观,是一个名与实的哲学命题。②讽刺知识精英用高尚的名义掩饰自己实际利益的获取。③嘲弄政治家心口不一、以公谋私的现象。④通过论述音乐和烹调,针对"给人弄得混乱颠倒"的社会现象,表达的中心旨意是"和谐",提倡"和而不同"的社会理想。⑤通过论述吃饭的社交作用表达中心,提示隐藏在"吃饭"背后名实相离,相互掩饰的人情世态。

(二)推荐阅读钱钟书的长篇小说《围城》:《围城》是中国现代文学史上一部风格独特的讽刺小说。被誉为"新儒林外史"。故事主要讲述的是 20 世纪 30 年代一群知识分子的故事。小说以从欧洲留学回国的方鸿渐为中心,以调侃、幽默和极富讽刺意味的笔触,描绘了一群留学生与大学老师在生活、工作和婚姻恋爱等方面遭遇到的重重矛盾和纠葛,揭示了受西方文化影响的知识分子的猥琐灵魂和灰色人生,表现了作者对旧中国西式知识分子的无情嘲弄,以及对中国化了的西方文明的精心审视。

11　宴之趣

郑振铎

郑振铎(1898—1958),现代作家、文学评论家、文学史家、考古学家。生于浙江永嘉,祖籍福建长乐。1917 年靠亲友帮助进入北京铁路管理学校学习。"五四"运动爆发后,曾作为学生代表参加社会活动,并和瞿秋白等人创办《新社会》杂志。1920 年 11 月,与茅盾、叶圣陶等人发起成立文学研究会,并主编文学研究会机关刊物《文学周刊》,编辑出版了《文学研究会丛书》。1923 年,接替茅盾主编的《小说月报》,倡导写实主义的"为人生"的文学。大革命失败后,旅居巴黎。1929 年回国。抗战胜利后,参与发起组织"中国民主促进会",创办《民主周刊》,激励国民为争取民主、和平而斗争。建国后,历任文物局局长、考古研究所所长、文学研究所所长、文化部副部长、中国民间研究会副主席等职。1958 年 10 月,在率中国文化代表团出国访问途中,因飞机失事遇难。

主要著作有:短篇小说集《家庭的故事》、《桂公塘》,散文集《山中杂记》,专著《文学大纲》、《插图本中国文学史》、《中国通俗文学史》、《中国文学论集》、《俄国文学史略》等。有《郑振铎文集》。

虽然是冬天,天气却并不怎么冷,雨点渐渐沥沥地滴个不已,灰色云是弥漫着;火炉的火是熄下了,在这样的秋天似的天气中,生了火炉未免是过于燠①暖了。家里一个人也没有,他们都出外"应酬"去了。独自在这样的房里坐着,读书的兴趣也引不起,偶然的把早晨的日报翻着,翻着,看看它的广告,忽然想起去看《Merry Widow》吧。于是独自地上了电车,到派克路跳下了。

在黑漆的影戏院中,乐队悠扬地奏着乐,白幕上的黑影,坐着,立着,追着,哭着,笑着,愁着,怒着,恋着,失望着,决斗着,那还不是那一套,他们写了又写,演了又演的那一套故事。

但至少,我是把一句话记住在心上了:

"有多少次，我是饿着肚子从晚餐席上跑开了。"

这是一句隽妙无比的名句；借来形容我们宴会无虚日的交际社会，真是很确切的。

每一个商人、每一个官僚、每一个略略交际广了些的人，差不多他们的每一个黄昏，都是消磨在酒楼菜馆之中的。有的时候，一个黄昏要赶着去赴三四处的宴会；这些忙碌的交际者真是妓女一样，在这里坐一坐，就走开了，又赶到另一个地方去了，在那一个地方又只略坐一坐，又赶到再一个地方去了。他们的肚子定是不会饱的，我想。有几个这样的交际者，当酒阑灯榭，应酬完毕之后，定是回到家中，叫底下人烧了稀饭来堆补空肠的。

我们在广漠繁华的上海，简直是一个村气十足的"乡下人"；我们住的是乡下，到"上海"去一趟是不容易的，我们过的是乡间的生活，一月中难得有几个黄昏是在"应酬"场中度过的。有许多人也许要说我们是"孤介"，那是很清高的一个名词。但我们实在不是如此，我们不过是不惯征逐于酒肉之场，始终保持着不大见世面的"乡下人"的色彩而已。

偶然的有几次，承一两个朋友的好意，邀请我们去赴宴。在座的至多只有三四个熟人，那一半生客，还要主人介绍或自己去请教尊姓大名，或交换名片，把应有的初见面的应酬的话讷讷地说完了之后，便默默的相对无言了。说的话都不是有着落，都不是从心里发出的；泛泛的，是几个音声，由喉咙头溜到口外的而已。过后自己想起那样的敷衍的对话，未免要为之失笑。如此的，说是一个黄昏在繁灯絮语之宴席上度过了，然而那是如何没有生趣的一个黄昏呀？

有几次，席上的生客太多了，除了主人之外，没有一个是认识的；请教了姓名之后，也随即忘记了。除了和主人说几句话之外，简直是无从和他们谈起。不晓得他们是什么行业，不晓得他们是什么性质的人，有话在口头也不敢随意地高谈起来。那一席宴，真是如坐针毡；精美的羹菜，一碗碗地捧上来，也不知是什么味儿。终于忍不住了，只好向主人撒一个谎，说身体不大好过，或说是还有应酬，一定要去的。如果在谣言很多的这几天当然是更好托词了，说我怕戒严提早，要被留在华界之外——虽然这是礼貌的，不大应该的，虽然主人是照例的殷勤地留着，然而我却不顾一切的不得不走了。这个黄昏实在是太难挨得过去了！回到家里以后，买了一碗稀饭，即使只有一小盏萝卜干下稀饭，反而觉得舒畅，有意味。

如果有什么友人做喜事，或寿事，在某某花园，某某旅社的大厅里，大张旗鼓地宴客，不幸我们是被邀请了，更不幸我们是太熟的友人，不能不到，也不能道完了喜或拜完了寿，立刻就托词溜走的，于是这又是一个可怕的黄昏。常常的张大了两眼，在寻找熟人，好容易找到了，一定要紧紧的和他们挤在一起，不敢失散。到了坐席时，便至少有两三人在一块儿可以谈谈了，不至于一个人独自的局促在一群生面孔的人当中，惶恐而且空虚。当我们两三个人在津津地谈着自己的事时，偶然抬起眼来看着对面的一个坐客，他是凄然无侣地坐着；大家酒杯举了，他也举着；菜来了，一个人说"请，请"，同时把牙箸伸到盘边，他也说"请，请"，也同样地把牙箸伸出。除了吃菜之外，他没有目的，菜完了，他便局促地独坐着。我们见了他，总要代他难过，然而他终于能够终了席方才起身离座。

宴会之趣味如果仅是这样的，那么，我们将诅咒那第一个发明请客的人；喝酒的趣味如果仅是这样的，那么，我们也将打倒杜康与狄奥尼修士了。

然而又有的宴会却幸而并不是这样的；我们也还有别的可以引起喝酒的趣味的环境。

独酌，据说，那是很有意思的。我少时，常见祖父一个人执了一把锡的酒壶，把黄色的酒倒在白瓷小杯里，举了杯独酌着；喝了一小口，真正一小口，便放下了，又拿起筷子来夹菜。因此，他食得很慢，大家的饭碗和碗都已放下了，且已离座了，而他却还在举着酒杯，不匆不忙地喝着。他的吃饭，尚在再一个半点钟之后呢。而他喝着酒，颜微酡着，常常叫道："孩子，来！"而我们便到了他的跟前。他夹了一块只有他独享着的菜蔬放在我们口中，问道："好吃么？"我们往往以点点头答之，在孙男与孙女中，他特别的喜欢我，叫我前去的时候尤多。常常的，他把有了短髭的嘴吻着我的面颊，微微有些刺痛，而他的酒气从他的口鼻中直喷出来。这是使我很难受的。

这样的，他消磨过了一个中午和一个黄昏。天天都是如此。我没有享受过这样的乐趣。然而回想起来，似乎他那时是非常的高兴，他是陶醉着，为快乐的雾所围着，似乎他的沉重的忧郁都从心上移开了，这里便是他的整个世界，而整个世界也便是他的。

别一个宴之趣，是我们近几年所常常领略到的，那就是集合了好几个无所不谈的朋友，全座没有一个生面孔，在随意地喝着酒，吃着菜，上天下地地谈着。有时说着很轻妙的话，说着很可发笑的话，有时是如火如剑的激动的话，有时是深切的论学谈艺的话，有时是随意地取笑着，有时是面红耳热地争辩着，有时是高妙的理想在我们的谈锋上触着，有时是恋爱的遇合与家庭的与个人的身世使我们谈个不休。每个人都把他的心胸赤裸裸地袒开了，每个人都把他的向来不肯给人看的面孔显露出来了；每个人都谈着，谈着，谈着，只有更兴奋地谈着,毫不觉得"疲倦"是怎么一个样子。酒是喝得干了,菜是已经没有了,而他们却还是谈着,谈着,谈着。那个地方,即使是很喧闹的,很湫狭的,向来所不愿意多坐的,而这时大家却都忘记了这些事,只是谈着,谈着,谈着,没有一个人愿意先说起告别的话。要不是为了戒严或家庭的命令,竟不会有人想走开的。虽然这些闲谈都是琐屑之至的,都是无意味的,而我们却已在其间得到宴之趣了;——其实在这些闲谈中,我们是时时可发现许多珠宝的;大家都互相的受着影响,大家都更进一步了解他的同伴,大家都可以从那里得到些教益与利益。

"再喝一杯,只要一杯,一杯。"

"不,不能喝了,实在的。"

不会喝酒的人每每这样的被强迫着而喝了过量的酒。面部红红的,映在灯光之下,是向来所未有的壮美的风采。

"圣陶,干一杯,干一杯,"我往往的举起杯来对着他说,我是很喜欢一口一杯的喝酒的。

"慢慢的,不要这样快,喝酒的趣味,在于一小口一小地喝,不在于'干杯'。"圣陶反抗似的说,然而终于他是一口干了,一杯又是一杯。

连不会喝酒的愈之、雁冰,有时,竟也被我们强迫地干了一杯。于是大家哄然的大笑,是发出于心之绝底的笑。

再有,佳年好节,合家团圆地坐在一桌上,放了十几双的红漆筷子,连不在家中的人也都放着一双筷子,都排着一个座位。小孩子笑孜孜地闹着吵着,母亲和祖母温和地笑着,妻子忙碌着,指挥着厨房中厅堂中仆人们的做菜、端菜,那也是特有的一种融融泄泄的乐趣,为孤独者所妒羡不止的,虽然并没有和同伴们同在时那样的宴之趣。

还有,一对恋人独自在酒店的密室中晚餐;还有,从戏院中偕了妻子出来,同登酒楼喝一二杯酒;还有,伴着祖母或母亲在熊熊的炉火旁边,放了几盏小菜,闲吃着消夜的酒,那都是使身临其境的人心醉神怡的。

宴之趣是如此的不同呀!

注　释

①燠(yù):暖;热。

读后感悟

　　提示:作者酣畅淋漓地描摹了上海滩的宴生活。言语间,诙谐、幽默、嘲讽、对比运用自如,营造出了颇富情趣的行文效果。篇章仅以"吃"入笔,然好的"吃",难受的"吃",畅快的"吃"及返璞归真温馨的"吃"不一而足,各自粉墨登场。纷繁的"吃"相,折射出了芸芸众生鲜活的生存形态,可谓妙笔生花,令人拍案叫绝。

 思考与练习

　　1. 作者不喜欢应酬,对于宴席中人们的虚伪、做作、无奈,看得分外透彻。

　　他这样写游走赴宴的人:

　　他这样写无奈赴宴的人:

　　2. 语文活动:文章提到家人团圆之宴、恋人之宴、朋友之宴,都是"良多趣味"。他写劝圣陶、雁冰、愈之喝酒时,大家哄然大笑,是发之于心之绝底的笑,模仿文中的片段,体会"酒逢知己千杯少"的乐趣。

 附　录

　　(一)关于饮宴:饮食宴会旧时简称饮宴,饮宴作为饶有风趣的一种进餐方式,是人们饮食文化生活的重要内容之一。中国古代千姿百态的宴会活动,在饮食风俗史上占有重要的一页。

　　各种辞书对"宴"一词的注释,除了与饮食关系不大的"安逸"、"乐"两个义项外,与饮食活动挂钩的第三个义项都做"以酒食款待宾客"解。另外还有人说:"宴是以社交为目的的进餐活动。"上述两种解释都算抓住了饮宴的主要特征,但似乎都欠完满。例如我国历史上有一种"家宴",指的是那些富裕的大家庭,因人口众多,成员辈分、关系复杂,祖孙、叔侄、兄弟、姊妹、妯娌等人,平时不在一起进餐,遇有节日或其他原因,家长决定备办丰盛的酒肴,合家欢聚一堂饮宴取乐。这种宴会并不一定有外来宾客。它虽然有促进全家团结和睦的作用,但不能称为社交活动。另外还有一些饮宴活动,例如志同道合的文人骚客举行的"文酒会"等,虽然有主有宾,但其主要目的往往不在于社交,而另有其他主题。

宴会与日常进餐还有一个不同之处,即具有一定的仪式。古代天子、诸侯、大夫、士庶缩宾客,仪式非常复杂,后世日趋简化,但总有一定的仪式。例如民间的婚宴、寿宴、接风、饯行等宴会,都有东道主或司仪简单说明举行宴会的意义,即使家宴,家长也得说几句话,相当于致辞。综上所述,宴会似乎可以说是:在疗饥、味品之外,另含某种目的、意义的,具有一定仪式的集体进餐活动。

我国历史上的宴会,名目繁多。除了通常所说的"国宴"、"军宴"、各级官府举行的宴会统称"公宴",私人举办的"婚宴"、"寿宴"、"接风"、"饯行"等宴会统称"私宴"外,有的以规格高低、规模大小、仪式繁简,划分为"正宴"、"曲宴"、"便宴"。有的以设宴场所分为"殿宴"、"府宴"、"园亭宴"、"船宴"等。秦末项羽在鸿门宴请刘邦,史称"鸿门宴";汉武帝在柏梁台宴请群臣称"柏梁宴";唐代皇帝每年在曲江园林宴请百僚史称"曲江宴",等等。

(二)饮宴的乐趣——《醉翁亭记》(欧阳修)

环滁(chú)皆山也。其西南诸峰,林壑(hè)尤美,望之蔚然而深秀者,琅琊(láng yá)也。山行六七里,渐闻水声潺(chán)潺而泻出于两峰之间者,酿泉也。峰回路转,有亭翼然临于泉上者,醉翁亭也。作亭者谁?山之僧曰智仙也。名之者谁?太守自谓也。太守与客来饮于此,饮少辄(zhé)醉,而年又最高,故自号曰"醉翁"也。醉翁之意不在酒,在乎山水之间也。山水之乐,得之心而寓之酒也。

若夫(fú)日出而林霏(fēi)开,云归而岩穴(xué)暝(míng),晦(huì)明变化者,山间之朝暮也。野芳发而幽香,佳木秀而繁阴,风霜高洁,水落而石出者,山间之四时也。朝而往,暮而归,四时之景不同,而乐亦无穷也。

至于负者歌于途,行者休于树,前者呼,后者应,伛(yǔ)偻(lǚ)提携(xié),往来而不绝者,滁(chú)人游也。临溪而渔,溪深而鱼肥,酿泉为酒,泉香而酒冽(liè),山肴(yáo)野蔌(sù),杂然而前陈者,太守宴也。宴酣(hān)之乐,非丝非竹,射者中,弈(yì)者胜,觥(gōng)筹(chóu)交错,起坐而喧哗者,众宾欢也。苍颜白发,颓(tuí)然乎其间者,太守醉也。

已而夕阳在山,人影散乱,太守归而宾客从也。树林阴翳(yì),鸣声上下,游人去而禽鸟乐也。然而禽鸟知山林之乐,而不知人之乐;人知从太守游而乐,而不知太守之乐其乐也。醉能同其乐,醒能述以文者,太守也。太守谓谁?庐陵欧阳修也。

12 劝　菜

王　力

王力(1900—1986)，字了一，广西博白人。著名语言学家，中国现代语言学的奠基人之一。1924 年赴上海求学，1926 年考入清华国学研究院，师从梁启超、赵元任等，1927 年赴法国留学，1932 年获巴黎大学文学博士学位后返国，先后在清华大学、西南联合大学、岭南大学、中山大学、北京大学等校任教授，并先后兼任中国科学院哲学社会科学部委员，中国文学改革委员会委员、副主任，中国语言学会名誉会长等职。王力先生还是著名的翻译家和文学家，在法国留学期间，翻译出版了二十余种法国小说、剧本；抗战期间，写了大量的散文，被誉为战时学者散文三大家之一。

中国有一件事最足以表示合作精神的，就是吃饭。十个或十二个人共一盘菜，共一碗汤。酒席上讲究同时起筷子，同时把菜夹到嘴里去，只差不曾嚼出同一的节奏来。相传有一个笑话。一个外国人问一个中国人说："听说你们中国有二十四个人共吃一桌酒席的事，是真的吗？"那中国人说："是真的。"那外国人说："菜太远了，筷子怎么夹得着呢？"那中国人说："我们有一种三尺来长的筷子。"那外国人说："用那三尺来长的筷子，夹得着是不成问题了，怎么弯得转来把菜送到嘴里去呢？"那中国人说："我们是互相帮忙，你夹给我吃，我夹给你吃的啊！"

中国人的吃饭，除了表示合作的精神之外，还合于经济的原则。西洋每人一盘菜，吃剩下来就是暴殄天物；咱们中国人，十人一盘菜，你不爱吃的却正是我所喜欢的，互相调剂，各得其所。因此，中国人的酒席，往往没有剩菜；即使有剩，它的总量也不像西餐剩菜那样多，假使中西酒席的菜本来相等的话。

有了这两个优点，中国人应该踌躇满志，觉得圣人制礼作乐，关于吃这一层总算是想得尽善尽美的了。然而咱们的先哲犹嫌未足，以为食而不让，则近于禽兽，于是提倡食中有让。

其初是消极的让，就是让人先夹菜，让人多吃好东西；后来又加上积极的让，就是把好东西夹到了别人的碟子里，饭碗里，甚至于嘴里。其实积极的让也是由消极的让生出来的：遇着一样好东西，我不吃或少吃，为的是让你多吃；同时，我以君子之心度君子之腹，知道你一定也不肯多吃，为的是要让我。在这僵局相持之下，为了使我的让德战胜你的让德起见，我就非和你争不可！于是劝菜这件事也就成为"乡饮酒礼"中的一个重要项目了。

劝菜的风俗处处皆有，但是素来著名的礼让之乡如江浙一带尤为盛行。男人劝得马虎些，夹了菜放在你的碟子里就算了；妇女界最为殷勤，非把菜送到你的饭碗里去不可。照例是主人劝客人；但是，主人劝开了头之后，凡自认为主人的至亲好友，都可以代主人来劝客。有时候，一块"好菜"被十双筷子传观，周游列国之后，却又物归原主！假使你是一位新姑爷，情形又不同了。你始终成为众矢之的，全桌的人都把"好菜"堆到你的饭碗里来，堆得满满的，使你鼻子碰着鲍鱼，眼睛碰着鸡丁，嘴唇上全糊着肉汁，简直吃不着一口白饭。我常常这样想，为什么不开始就设计这样一碗"什锦饭"，专为上宾贵客预备的，倒反要大家临时大忙一阵呢？

劝菜固然是美德，但是其中还有一个嗜好是否相同的问题。孟子说："口之于味，有同嗜也。"我觉得他老人家这句话有多少语病，至少还应该加上一段"但书"。我还是比较地喜欢法国的一谚语："惟味与色无可争。"意思是说，食物的味道和衣服的颜色都是随人喜欢，没有一定的美恶标准的。这样说来，主人所喜欢的"好菜"，未必是客人所认为好吃的菜。肴馔的原料和烹饪的方法，在各人的见解上（尤其是籍贯不相同的人），很容易生出大不相同的估价。有时候，把客人所不爱吃的东西硬塞给他吃，与其说是有礼貌，不如说是令人难堪。十年前，我曾经有一次做客，饭碗被鱼虾鸡鸭堆满了之后，我突然把筷子一放，宣布吃饱了。直等到主人劝了又劝，我才说："那么请你们给我换一碗白饭来！"现在回想，觉得当时未免少年气盛；然而直到如今，假使我再遇同样的情形，一时急起来，也难保不用同样方法来对付呢！

中国人之所以和气一团，也许是津液交流的关系。尽管有人主张分食，同时也有人故意使它和到不能再和。譬如新上来的一碗汤，主人喜欢用自己的调羹去把里面的东西先搅一搅匀；新上来的一盘菜，主人也喜欢用自己的筷子去拌一拌。至于劝菜，就更顾不了许多，一件山珍海错，周游列国之后，上面就有了五七个人的津液。将来科学更加昌明，也许有一种显微镜，让咱们看见酒席上病菌由津液传播的详细状况。现在只就我的肉眼所能看见的情形来说。我未坐席就留心观察，主人是一个津液丰富的人。他说话除了喷出若干唾沫之外，上齿和下齿之间常有津液像蜘蛛网般弥缝着。入席以后,主人的一双筷子就在这蜘蛛网里冲进冲出,后来他劝我吃菜,也就拿他那一双曾在这蜘蛛网里冲进冲出的筷子,夹了菜,恭恭敬敬地送到我的碟子里。我几乎不信任我的舌头! 同时一盘炒山鸡片,为什么刚才我自己夹了来是好吃的,现在主人恭恭敬敬地夹了来劝我却是不好吃的呢? 我辜负了主人的盛意了。我承认我这种脾气根本就不适宜在中国社会里交际。然而我并不因此就否定劝菜是一种美德。"有杀身以成仁",牺牲一点儿卫生戒条来成全一种美德,还不是应该的吗?

 读后感悟

　　提示:劝菜在中国司空见惯,但深究这一举动深层的意义,却可以发现中西文化的差异。西方强调各自为政,而中国则强调互相调剂。其实劝菜这一简单的、看似文明友好的举动,背后却隐藏着一种虚伪的处世态度。同时也是忽视个人喜好成就个人礼貌的表现。再从卫生的角度来看,却是成全了美德而牺牲了卫生和健康。作者得出最后的结论:"中国人之所以和气一团,也许是津液交流的关系。"真是令人哭笑不得。

 思考与练习

　　1.文章风格幽默诙谐,趣味性强,试举两例说明。

　　2.你在生活中碰到过令人尴尬的劝菜吗? 向全班同学描述一下。

　　3.王力先生是语言学的泰斗。文章语言准确,结构清楚,逻辑明确,写作上由吃饭到劝菜,评价上由褒到贬,层次分明,易看易懂,反复朗读,感受作者语言运用上的能力。

 附 录

　　(一)同许多杂文家一样,中国人的陋习也是先生不肯放过的题材。在诸如《迷信》、《劝菜》中,先生用生动有趣的语言批评了这些陋习。例如《劝菜》一文,先生写道:"有时候,把客人不爱吃的东西硬塞给他吃,与其说是有礼貌,不如说是令人难堪。"文中王力先生还举了一个例子，说自己十年前的一次做客，主人把他的饭碗里堆满了鱼虾鸡鸭，他突然把筷子一放，宣布吃饱了。后来主人劝之又劝，先生才说："那么请你们给我换一碗白饭来！"读到此处，先生的描述简直是要令人喷饭，却不由让人深感劝菜这种陋习是多么令人尴尬。有趣的是，因为读过先生的传记，所以知晓这段经历正是他往苏州去与夏蔚霞订婚时的遭遇，而劝菜之人则是夏的姑妈，怪道王力先生在文章最后要自责是"年少气盛"。想起这段故事，再对照先生在《劝菜》中显出的无奈，实在是有趣得很。不过，王力先生对同胞的这种批评，较《寡与不均》这类针砭权贵的文章，显然要温和得多。文中的词句尽管同样犀利，却没有了后者的刻薄和鄙夷，在最后还常常笔锋一转为当事者解脱般的说，"我承认，我这种脾气根本就不适宜在中国社会里交际。"（严杰夫）

（二）餐桌上的文化冲突

过年不外如此：天天不断地走亲访友，几乎每一餐都是满满一桌的菜，到后来每个人几乎都吃怕了。我岳父还特别喜欢劝菜，时常不由分说将一个个菜夹到每个人碗里——你刚刚硬着头皮吃完鱼丸、鸡翅、鸭腿，他又塞过来一个卤蛋。有时晚辈们忍不住皱着眉头抗议："我不要，实在吃不下了。"他瞪起眼睛："干吗？这味道很好啊！快吃掉！"

劝菜的这一幕也算是餐桌上的代际冲突。在很多地方，中年以上这一辈的人，在聚会时常常都把劝菜视为对亲朋（尤其是晚辈）的一种体贴关爱，而年轻的一代已经极少这么做了。前者内心还常常假设人们对菜肴都有同样的喜好（我觉得这味道很好，你也会有同样的看法），而后者却觉得每个人都有不同的口味偏好。

还记得十多年前我高中毕业时，一群人到一个乡下同学家里去玩，他母亲也是非常热情——其好客的表现之一就体现在劝菜上。她烧了满满一桌菜，吃饭时不停地给我们每个人夹菜，其速度之频繁常常使我们还没来得及反应，米饭就被鸡鸭鱼肉完全覆盖住了。那位同学也注意到我们尴尬的神情，事后悄悄和母亲说：你让他们自己来，你夹的别人未必喜欢吃，有些城里女生很讲究，说不定还介意你筷头是否干净。此后她就讪讪然不再劝菜，招呼我们时也略有些不自在。

如今想想她当时的心情恐怕也是有些难过的，因为她的好意并没有被人完全领受。虽然大多数人并不在意筷头干净与否，但确实大家对菜肴有各自不同的喜好——至少一些女生当时就吃不下夹过来的一大块红烧肉，内心踌躇着到底是出于礼貌勉力吃下去，还是坚决放回去。这其中的关键在于：双方对"什么是好"无法达成一致的认识。

烹饪文化

美国人类学家玛格丽特·米德在《代沟》一书中曾说:"成年一代总是假设各代人对真、善、美都有着一致的看法,人类的本质——即内在理解、思维、感情和行为方式——基本上是永恒的。"但问题在于:年轻一代对这些常常有着不同的看法。因此常有中国父母发现,他们对子女的无私付出(一如他们时常伤心地声称的:"我都是为你好。"),子女却并不领情,因为在年轻人看来,父母所塞给自己的"好",并不是他想要的——正如你以为孩子爱吃红烧肉,但他其实却不爱吃,反而把你的好意视为一种强加的负担。

传统的东亚文化也特别强调人际之间的相互依存而非个体的独立选择,在这种文化气氛下,无私忘我地为他人付出是一种受到高度推崇的价值观,社会上的每一个人竭诚为他人做贡献被视为一种理想的道德秩序。但在一个社会价值观日益多元化和断裂的时代,这种秩序已摇摇欲坠。

在我童年时代,乡下还处处洋溢着这种有时是难以消受的热情。每次去我小姨家做客,吃完晚饭她总是盛情挽留,表示早已铺好枕席留客,有几次她真是做绝了——竟然把我们骑来的自行车锁上,并放出自家的狼狗阻止我们离开,不知情的人看到她和我父母拉扯推搡的样子,恐怕会以为是在打架。虽然我那时也很想回家,但每次心里都做好准备:去她家估计不住是不行的。至于节假日时的劝菜劝酒,更是到处可见,而且人们都认为一定要把人灌醉才能显示盛情,就算对方再三表示实在不想喝,得到的答复总是佯怒的表示:"我才不管你!"

按照西方的观念,这是一种人我界限不分的表现——看起来是"为你好",但却无视对方独立的个人意志。反过来,西方那种非常分明的人际界限,却也常常会让东亚人感到冷淡和缺乏亲切感。日本学者土居健郎曾回忆自己1950年初到美国时去拜访一位美国朋友,当主人问"您饿了吗"时,他虽然确实饿,但出于东方人含蓄的礼貌,却说"还不饿";他以为对方会再劝他几句,不料对方只随意说"是吗"就不再劝了。事后他发现美国式礼貌待客就是事事让客人自行选择,"似乎只有这样才能证明自己拥有选择的权利,是一个自由的人"。他当时既不舒服也很不习惯,觉得美国人远不如日本人那么关心体贴人,更不爱听美国人常挂在嘴边的一句"please help yourself"(请自便),在他看来这句话很冲、直率到简直有点不敬。但在美国人看来,对客人最大的礼貌就是尊重他自己的选择权,你不喜欢或不选择,他也决不勉强——因为在美国观念中,把自己认为好的东西勉强塞给别人,是对他人自主权的侵犯。

这两种文化之间的差异,在国内如今常常表现在代际之间,被置换为一种时间上的差别(传统与现代)。确实,这些年中国社会也已经悄无声息地发生了巨大的变化。十年前我一个同事去郑州开会,受到当地供应商盛情款待,他从来不喝白酒也被灌了几杯,苦苦哀求仍不能免除后,他竟然为此翻脸,最后闹得不欢而散。现在听说也"文明很多了",如果确实不能喝也不会勉强,而年轻一代在聚会时通常更是让每个人自便。这固然符合当下价值日渐多元的社会现实,尊重具有差异的不同个体的自主选择权,但无疑地,人际之间的距离感也无形中扩大了,人们渐渐变成了一个个"孤独的权利持有人"。很难说哪一种观念更好——或许,正在体验现代化的中国人真正需要的是在两者之间达到一个新的平衡。

（选自《维舟的日记》http：weizhoushiwang.blogbus.com）

13　会吃不会吃

蔡　澜

蔡澜(1941.8—)，与金庸、倪匡、黄霑并称香港四大才子，广东潮州人，通晓潮州话、英语、粤语、普通话、日语、法语，新加坡出生，曾留学日本，在香港发展事业。电影制片人、电影监制、美食家、专栏作家、电视节目主持人、商人，世界华人健康饮食协会荣誉主席。

蔡澜笔下的世界，是千姿百态、风情万种的世界。各国美食，生活情趣，旅途喜乐，人生况味，信手拈来，皆成文章。蔡澜曾经问国外名厨，天下最好吃的味道是什么？名厨答曰："一个懂得食物真味的人，是从自由的思想和个人的尊重出发的。"蔡澜深以为然。

"你常去的那家餐厅，说有多好是多好，但是我试过之后，觉得一文不值。"有位团友跑来向我投诉。

我微笑不语。

"你一定说我吃过一次，吃不出味道是吗？最初，我也这么想，后来又不甘心，再去了一趟，还是那么难吃！"她气愤得很。

我只有答嘴："我说过食物的喜恶，是很个人化的。英语也有一句话：我的香水，是你的毒药呀！一切，都是缘分。"

"你什么东西都说成缘分，岂有此理！"

"用道理说明不出的东西，用逻辑，再用哲学，最后用宗教。缘分这种解释，比宗教还要高明。"

"你以为你很会吃吗？"她追问。

我连忙耍手摇头："不不不不，我从来不敢那么自大。"

"别人都说你会吃!"

"贪吃,更贴切。"我说。

"试多了就会吃吗?"

"可以变老饕。"我说:"因为学会了比较,选精的来吃。"

"什么叫精?"

"精,是不做作。精,是基基本本。"

"你什么都吃过?"

"不敢这么说,这世界上的美食,再活十世人也试不完,我只能举例说我吃过的东西,这种那种,有好有坏。"

"到底什么叫会吃,什么叫不会吃?"她追问。

我说:"有时,要了解一个地方的生活习惯和语言,发生了感情,才觉得好,这是极度的偏见。但是如果你认为自己的意见永远是对的,自己最会吃,别人都不懂。那么,你是一个最不会吃的人,这一点是肯定的。"(选自新浪网:蔡澜的 Blog)

 读后感悟

提示:看似高深的道理,蔡澜先生却总能用最简单直白的语言表达出来。

 思考与练习

1.谈谈你对文章最后一段的理解。

2.向你推荐几本蔡澜的美食书籍:《蔡澜美食地图》、《蔡澜食典》、《蔡澜谈美食》、《蔡澜的生活方式》、《人生必去的餐厅》、《蔡澜品酒》。

3.有人说,食有三品:上品会吃,中品好吃,下品能吃,你认为蔡澜属于哪一品? 如果说厨师亦有三品,你认为是哪三品?

 **附 录**

《蔡澜谈吃》的评论

看《蔡澜谈吃》，第一篇文章的第一句便是一个问句："你一生中，吃过最好吃的是什么？"

蔡澜想来想去，给出的答案是：豆芽炒豆卜。

还以为豆卜是什么稀罕玩意儿，查过才知，豆卜原来是经高温油炸过的豆腐，也就是咱们俗称的豆腐泡。

于是禁不住大呼意外——本以为像蔡澜这样的老饕，给出的答案要么是山珍，要么是海味，谁能猜到竟是豆芽炒豆腐泡？

转念一想又觉得合情合理。

《射雕英雄传》里，洪七公吃了黄蓉做的"玉笛谁家听落梅"、"二十四桥明月夜"、"好逑汤"几道菜，开心得大呼小叫眉飞色舞；黄蓉笑说："七公，我最拿手的菜你还没吃到呢。"洪七公又惊又喜，忙问："什么菜？什么菜？"黄蓉道："一时也说不尽，比如说炒白菜哪，蒸豆腐哪，炖鸡蛋哪，白切肉哪。"郭靖听了不以为然，可洪七公品位之精，世间稀有，深知真正的烹调高手，愈是在最平常的菜肴之中，愈能显出奇妙功夫，这道理与武学一般，能在平淡之中现神奇，才说得上是大宗匠的手段。听黄蓉一说，便禁不住心痒难耐起来。

蔡澜说一生中吃过最好吃的是豆芽炒豆卜，菜系平常不假；可寻常菜，却不能寻常做了。

洪七公为讨好黄蓉，自告奋勇："……我给买白菜豆腐去，好不好？"黄蓉笑道："那倒不用，你买的也不合我心意。"洪七公笑道："对，对，别人买的怎能称心呢？"这说明食材之重要。

这道豆芽炒豆卜，按照蔡澜的说法，要先将豆芽的尾部折去，才算好看；而豆芽顶上那颗豆则需保留，否则成为银白白，没有一点绿色（想是绿豆芽），也不美观。而豆卜则要切成细条或小三角，也不能整块上。

　　至于用油，那就更讲究了。花生油是一定不能用的，因为此油个性太强，容易干扰主人；可用玉蜀黍油或芥花籽油，用橄榄油为上乘，山茶花油更是上上乘。而且菜下锅炒几下之后，要加鱼露提味。

　　另须知，并不是依法炮制便能做出让人一辈子难忘的豆芽炒豆卜的，重要的还在于火候的掌握，要是火候把握不好，作出"水汪汪、干瘪瘪像老太婆手指的豆芽"，别说蔡澜，估计自己都不会爱吃。

（选自杀猪网 http://shazhude.net）

14 * 论口腹

林语堂

　　林语堂(1895—1976)，现代著名学者、文学家。福建龙溪人，原名和乐，后改玉堂，又改语堂。早年留学国外，回国后在北京大学、厦门大学等著名大学任教，1966年定居我国台湾省，1976年在香港逝世，享年八十二岁。林语堂既有扎实的中国古典文学功底，又有很高的英文造诣，他一生笔耕不辍，著作等身。他的闲谈散文不仅思想独异，发论近情，且涉及广泛，知识丰富，大到文学、哲学、宗教、艺术，小到抽烟、喝茶、买东西，真是无所不包，笔触贯通中外，纵横古今。著有小说《京华烟云》、《风声鹤唳》等，散文集《人生的盛宴》、《吾国与吾民》、《生活的艺术》等。林语堂于1940年和1950年两度获得诺贝尔文学奖的提名。

　　凡是动物便有这么一个叫作肚子的无底洞。这无底洞曾影响了我们整个的文明。中国号称美食家的李笠翁①在《闲情偶寄》卷十二《饮馔部》的序言里，对于这个无底洞颇有怨尤之言：

　　吾观人之一生，眼、耳、鼻、舌、手、足、躯骸，件件都不可少，其尽可不设而必欲赋之，遂为万古生人之累者，独是口腹二物。口腹具而生计繁矣，生计繁而诈伪奸险之事出矣。诈伪奸险之事出，而五刑不得不设。君不能施其爱育，亲不能遂其恩私，造物好生而亦不能逆行其志者，皆当日赋形不善，多此二物之累也。

　　草木无口腹，未尝不生；山石土壤无饮食，未闻不长养；何事独异其形，而赋以口腹？即生口腹，亦当使如鱼虾之饮水，蜩螗②之吸露，尽可滋生气力，而为趯③跃飞鸣。若是，则可与世无求，而生人之患熄矣。乃既生以口腹，又复多其嗜欲，使如谿壑之不可厌，多其嗜欲，又复洞其底里，使如江河之不可填，以致人之一生，竭五官百骸之力，供一物之所耗而不足者。吾反复推详，不能不于造物主是咎，亦知造物于此，未尝不自悔其非，但以制定难移，只得终遂其过。甚矣，作法慎初，不可草草定制！

　　我们既有了这个无底洞，自须填满。那真是无可奈何的事。我们有这个肚子，它的影响确已及于人类历史的过程。孔子对于人类的天性,有着深切的了解,他把人生的大欲简括于营养和生育二事之下,简单地说来,就是饮食男女。许多人曾抑制了色,可是我们不曾听见过有一位圣人克制过饮食。即使是最神圣的人,总不能把饮食忘记到四五小时之上。我们每隔几小时脑海中便要浮起"是吃的时候了吧?"这一句话,每天至少要想到三次,多者四五次。国际会议在讨论到政治局势的紧要关头时,也许因吃午餐而暂告停顿。国会须依吃饭的钟点去安排议程。一个需要五六小时之久而碍于午餐的加冕典礼,将立被斥为有碍公众生活。上天既然赋予了我们肚子,所以当我们聚在一起,想对祖父表示敬意的时候,最好是替他举行一次庆寿的宴会。

所以这是不无原因的,朋友在餐席上的相见就是和平的相见。一碗燕窝汤或一盆美味的炒面,对于激烈的争辩,有缓和的效用,使双方冲突的意见,会和缓下来。叫两个空着肚子的好朋友在一起,总是要发生龃龉④的。一餐丰美的饮食,效力之大,不只是延长到几小时,直可以达到几星期,甚至几个月之久。如果要我们写一篇书评去骂三四个月以前曾经请我们吃过一餐丰盛晚餐的作家的作品,我们真要犹豫不能落笔。正因为如此,所以洞烛人类天性的中国人,他们不拿争论去对簿公庭,却解决于筵席之上。他们不但是在杯酒之间去解决纷争,而且也可用来防止纷争。在中国,我们常设宴以联欢。事实上,也是政治上的登龙术。假使有人去做一次统计的话,那么他便会发现一个人的宴客次数与他的升官速度是有一种绝对的关系存在的。

可是,我们既然天生如此,我们又怎能背道而行呢?我不相信这是东方的特殊情形。一个西洋邮务总长或部长,对于一个曾请他到家里去吃过五六次饭的朋友和私人请托,怎么能够拒绝呢?我敢说西洋人是与东方人一样有人性的。那惟一的不同点,是西洋人未曾洞察人类天性,或未曾按着这人类天性去合理地进行组织他们的政治生活。我猜想的西洋的政治圈子中,也有与这种东方人生活方式相同的地方,因为我始终相信人类天性是大抵相同的,而同在这皮肉包裹之下,我们都是一样的。只是那习惯,没有像中国那样普遍而已。我所听见的事情,只有政府官吏候选人摆了露天茶会请区内选民的眷属,拿冰淇淋和苏打水给他们的小孩子吃,以贿赂他们的母亲。这样请了大家一顿之后,人们自然不免相信"他是一个和气的好人"了,这句话是常常被当作歌曲唱着的。欧洲中世纪的王公贵族,在婚事或寿辰的时候,总要以丰盛的酒肉,设宴请佃户们开怀大吃一餐,这也无非是这种事情的另一表现方式而已。

我们基本上受这种饮食的影响非常之深,在饥饿的时候,人们不肯工作,主角歌女不肯唱歌,参议员不肯辩论,除了在家里图一顿饱餐这目的之外,做丈夫的为什么要整天在办公室里工作流汗呢? 因此有一句俗话说,博得男人欢心最好的办法,便是从他的肚子入手。当他的肉体满足了以后,他的精神也便比较平静舒适,他也便比较多情服帖了。妻子们总是埋怨她们的丈夫不注意她们的新衣服,新鞋子,新眉样,或新椅套,可是妻子们可曾有埋怨她们的丈夫不注意一块好肉排一客好煎蛋吗? ……除了爱我们幼时所爱吃的好东西之外还有什么呢?

一个东方人在盛宴当前时是多么精神焕发啊! 当他的肚肠填满了的时候,他是多么轻易地会喊出人生是美妙的啊! 从这个填满了的肚子里透射出了一种精神上的快乐。东方人是靠着本能的,而他的本能告诉他,当肚子好着的时候,一切事物也都好了,所以我说在东方人生活是靠近于本能,以及有一种使他们更能公开承认他们的生活近于本能的哲学。我曾在别处说过,中国人对于快乐的观念是"温、饱、黑、甜"——指吃完了一顿美餐上床去睡觉的情景。所以有一个中国诗人说:"肠满诚好事,余者皆奢侈。"

因为中国人有着这种哲学,所以对于饮食就不固执,吃时不妨吃得津津有味。当喝一口好汤时,也不妨啜唇作响。这在西方人就是无礼貌。所谓西方的礼节,是强使我们鸦雀无声地喝汤,一无欣赏艺术地静静吃饭,我想这或许就是阻碍西方烹调技术发展的真原因。西方人士在吃饭的时候,为什么谈得那么有气无力,吃得那么阴森,规矩高尚呢? 多数的美国人都没有那种聪明,把一根鸡腿啃个一干二净;反之,他们仍用刀叉玩弄着,感到非常苦恼,而不敢说一句话。假如鸡肉真真是烧得很好的话,这真是一种罪过。讲到餐桌上的礼貌,我觉得当母亲禁止小孩啜唇作响的时候,就是使他开始感觉到人生的悲哀。依照人类的心理讲,假使我们不表示我们的快乐,我们就不会再感觉到快乐,于是消化不良、忧郁、神经衰弱,以及成人生活中所特有的精神病等都接踵而来了。当堂倌儿端上一盘美味的小牛排时,我们应该跟法国人学学说一声"啊",尝过第一口后,像动物那样地哼一声"嗯!"欣赏食物不是什么可羞的事。有健康的胃口不是很好吗? 不,中国人却就两样。吃东西时礼貌虽不好,可是善于享受盛宴。

事实上,中国人之所以对动植物学一无贡献,是因为中国的学者不能冷静地观察一条鱼,只想着鱼在口中的滋味,而想吃掉它。我所以不信任中国的外科医生,是因为我怕他们在割我的肝脏找石子的时候,也许会忘记了石子,而想把我的肝脏放到油锅里去。当中国人看见一只豪猪时,便会想出种种的吃法来,只要在不中毒的原则之下吃掉它。在中国人看来,不中毒是惟一实际而重要的问题。豪猪的刺毛引不起我们的兴趣。这些刺毛怎样会竖立的? 有什么功用? 它们和皮怎样生连着? 当它看见仇敌时,这些刺毛怎样会有竖立的能力？这些问题，在中国人看来是极其无聊的。中国人对于动植物都是这样，主要的观念是怎样欣赏它，享受它，而不是它们是什么。鸟的歌声，花的颜色，蓝的花瓣，鸡肉的肌理，才是我们所关心的东西。东方人须向西方人学习动植物的全部科学，可是西方人须向东方人学习怎样欣赏花鱼鸟兽，怎样能赏心悦目地赏识动植物各种的轮廓与姿态，因而从它们联想到各种不同的心情和感觉。

这样看来，饮食是人生中难得的乐事之一。肚子饿不像性饥渴那样受着社会的戒律和禁例，也大致不会发生什么有损于道德的问题，这是值得愉快的。人类在饮食方面比在性方面较少矫揉造作。哲学家、诗人、商贾能跟艺术家坐在一起吃饭，在众目昭彰之下，做喂饲自己的工作而毫不害羞，这真是不幸中的大幸，虽则也有些野蛮民族对于饮食尚有一些羞怯的意识，仍愿独个儿到没有旁人的地方才敢吃。关于性的问题，以后再讨论，我们在这里，至少可以看见一种本能，这本能如不受阻碍，即可减少变态及疯狂和犯罪的行为。在社会的接触中，饥饿的本能和性的本能其差异是显然的。可是事实上饥饿这种本能，前面已经讲过，是不会牵涉到我们的心理生活，而实是人类的一种福利。其理由即因人类能对这个本能非常坦白，毫不讳饰。因为饮食没有拘束，所以也就没有精神病、神经官能症，或各种变态了。临唇之杯不免有失手之虞，可是一进唇内，就比较没有什么意外。我们坦白地承认人类都要吃饭，可是对于性的本能，非但不如此，并加以抑制。假如食欲满足了，麻烦就少。顶多有些人患消化不良症、胃疮，或肝石症，或有些人以牙齿自掘坟墓——现代中国少数的要人颇有几个是如此的——但即使如此，他们也并不以为可羞。

所以社会的罪恶从性欲问题产生的多，而从饮食问题产生的少。刑事条文为奸淫、离婚和侵犯女性等案而设者为多，因饮食而违犯不合法、不道德或背信罪者就很少。顶多不过是有些丈夫去搜索冰箱里的食物，但是我们很少听见因此而遭绞杀的。假如真有这么一件案件上了法庭，法官对于被告一定也会表示同情。因为我们都愿坦白承认大家必须饮食。我们对饥民表示同情，却不曾对尼姑庵里的尼姑表示同情。

这种推论并不是无中生有的，因为我们对于饮食的问题，总比性欲问题明白得多。满洲家的女孩儿在出嫁之前，必须受烹调的训练，同时也受关于恋爱之术的训练，但世界上可有别处的人实行这种教育吗？饮食问题已接受知识之光，可是性的问题仍是被神仙故事、神话和迷信所包围。饮食问题可以说是见到天日了，但性的问题却依然处于暗中。

在另一方面讲，我们人类没有沙囊或浮囊，真是莫大的缺憾，假如有的话，人类社会的过程一定会有极大的变更,可以说,我们将变为一种完全不同的人类。如有沙囊的话,人类一定会有最和平、最知足、最可爱的天性,和小鸡、小羊一样。我们也许会长出一个跟鸟嘴一样的嘴巴,因而改变了我们审美的观念,或者也许会生着一些啮齿类动物的牙齿。植物的种子和果实或许已足为我们的食物,也许我们会在青翠的山边吃草。大自然的产物是那样丰盛,我们不必再为食物而斗争,不必再用牙齿去咬仇敌的肉,也一定不会像我们今日这样的好斗。

食物与性情,它的关系比我们所想象的有着更加密切的关系。凡是蔬食动物的天性都是和平的,如羊、马、牛、象、麻雀等;凡是肉食动物都是好斗嗜杀的,像狼、狮、虎、鹰等。如果我们是属于前一类的,我们的天性就会比较像牛羊了。在无须战斗的地方,大自然并不造出好斗的天性。公鸡的搏斗,不是为食物,是为雌性,人类社会中的男人也还有着这种斗争,但今日的欧洲,却为了输出罐头食物的权利而斗争,其原因又有天壤之别了。

我不曾听见过猴子会吃猴子,可是我却知道人会吃人。考据我们的人类学,证明确有人吃人的习俗,而且是非常普遍的。我们的祖先便是这种肉食的动物。所以,在几种意义上——个人的、社会的、国际的,如说我们依然在互相吞食,并不足为怪。蛮子和杀戮,好像是有连带性,他们虽承认杀人是一种不合情理的事,是一种无可避免的罪恶,可是依然很干脆地把已被杀死的仇敌的腰肉、肋骨和肝脏吃掉。吃人的蛮子吃掉已死了的仇敌,而文明的人类,却把杀死了的仇敌埋葬了,并在墓上竖起十字架来,为他们的灵魂祷告。我们实在自傲和劣性之外,又加上愚蠢了。这似乎就是吃人蛮子和文明人类的分别。

我也以为我们是在向着完美之路前进,那就是说,我们在目前还未达到完善的境地。我们要有沙囊动物的性情时,才可以称为真文明的人类。在现代人类之间,肉食动物和蔬食动物都有之——前者就是性情可爱的,后者便是那种性情不可爱的。蔬食的人终身以管自己的事为主,而肉食的人则专以管别人的事为生。十年前我曾尝试过政治生涯,但四个月后便弃绝仕途,因为我发现我不是天生的肉食动物,吃好肉排当然例外。世界上一半人是消磨时间去做事,另外一半人则强迫他人去替他们服役,或是弄到别人不得做事。肉食者的特点是喜欢格斗、操纵、欺骗、斗智,以及先下手为强,而且都出之以真兴趣和全副本领,可是我得声明我对于这种手段是绝对反对的。但这完全是本能问题;天生有格斗本能的人似乎喜欢陶醉在这种举动中,而同时真有创造性的才能,即能做自己事情的才能,和能认清自己目标的才能,却似乎太不发展了。那些善良的、沉静的、蔬食类的教授们,在和别人竞争之中,似乎全然没有越过别人的贪欲和才能,不过我是多么称赞他们啊!事实上,我敢说,全世界有创造才能的艺术家,只管他们自己的事,实比去管别人的事情好得多,因此他们都可说是属于蔬食类的。蔬食人种的繁殖率胜过肉食人种,这就是人类的真进化。可是在目前,肉食人种终究还是我们的统治者。在以强壮肌肉为信仰的现世界中其情其势必如此的。

注 释

① 李笠翁:李渔(1611—1680),字笠鸿,又字谪凡,号笠翁。原籍浙江兰溪,生于江苏如皋,晚年移居杭州西湖,他是清代著名的戏曲理论家、作家,对戏曲剧本的创作与演出有丰富的经验,著有传奇《比目鱼》、《风筝误》等。他的《闲情偶寄》收入《李笠翁一家言》时改名《笠翁偶集》,是我国最早的一部从舞台艺术角度探讨戏剧理论的专著。

②蜩螗(tiáo táng):亦作"蜩螳"。蜩为蝉类的别名;螗是蝉的一种,体小,背青绿色,鸣声清圆。"蜩螗沸羹"指如蝉鸣和沸汤翻滚,表示纷扰不宁的意思。它的出处为《诗经·大雅·荡》:"如蜩如螗,如沸如羹。"

③趱(zǎn):快走。

④龃龉(jǔ yǔ):一般意义上它是指上下齿不相对应。现在多用作比喻不平正,参差不齐。不相投合,抵触。不协调,差失。多用于文辞。不顺达。多指仕途。

 读后感悟

提示:西方人喝起汤来斯文得出奇,他们用汤匙一勺一勺默默地向嘴中倾倒,绝不发出半点声响。他们最禁忌的就是采用"呷"的方式,因为在他们的观念中喝汤出声是一种有失文明、近于野蛮的举动。林语堂在文中则说:"因为中国人有着这种哲学,所以对于饮食就不固执,吃时不妨吃得津津有味。当喝一口好汤时,也不妨啜唇作响。"作者认为这是中国人充分感受汤的美味,尽情享受喝汤之乐。

 思考与练习

试比较中、西餐烹制汤原料,中西方的喝汤方式,阐述中西方饮食文化的不同。

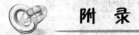 附 录

(一)林语堂提倡享乐,但并不颓废,他珍视生活中的每一个小情趣,《生活的艺术》第九章专讲生活的享受,无论躺在床上,坐在椅子上,谈话、喝茶、抽烟、熏香、喝酒、酒令、食物都专立一节,来讨论这些日常生活的乐趣。因此,林语堂的享乐不同于"今朝有酒今朝醉"的颓废。他痛恨说大话,说假话,他只是说:快快乐乐地活,舒舒服服地过,没什么罪过。看林语堂《生活的艺术》,总让我想起李渔(1611—1680)的《闲情偶寄》。《闲情偶寄》中,也有专讲"居室"、"器玩"、"饮馔"、"种植"、"颐养"的篇章。林语堂受了李渔的启发是很显然的。这样的人生哲学并不来自西方,而是从中国传统中滋养出来的。

周质平《现代人物与文化反思》

(二)《闲情偶寄》之《饮馔部》的序言译文:我看人的身体,眼耳鼻舌、手足躯体,一样都不能少。而大可以不要却又必须具备,以至于成为活人千古以来的大累赘的,只有嘴和肚子两样。有了口腹之后而为了生计的操劳就多了,生计的操劳多了,奸险欺诈虚伪的事情就跟着出现了,奸险欺诈虚伪的事情一出现,法律就不得不设置了,如此,君王不能施与他们的仁爱,父母不能施与他们的慈爱,造物主喜欢生命而不得不违逆这一心意,都是当初造人的时候考虑不周,多了这两样东西的缘故。

草木没有口与腹,未尝不生存着;山石土壤不用饮食,也没听说就不生长。为什么独把人类造成特别的形状,而又给予了口与腹?就算要有口与腹。也该让他可以像鱼虾饮水,知了吸露一样,就可以滋生气力,而跳跃鸣叫。这样就可以对社会没有什么需求,而活人的忧患也可以消除了。谁知却让人类生了口与腹,又使得人类有很多嗜欲,像沟壑无法填满;又让它没有止境,像江海一样不能填满,以致人的一生,竭尽五官百骸的力气,供给一样东西的消耗都还不足。我反复推究,终不能不在这件事上责怪造物主,也知道造物主在这件事情上未尝不后悔犯了错误。只是因为规矩已经定型难以改变,只能依旧纵容这种错误。唉!规则初创的时候,不能太草率。

第四单元　舌尖上的故乡

　　"思乡忽从秋风起,白蚬莼菜脍鲈羹。""莼鲈之思"是每一个中国人都感到亲切的情感。故乡、童年、亲人,无尽的滋味,每每在舌尖萦绕,百转千回,鲜活如昔,无法淡去。

　　故乡的味道,是炊烟的味道;故乡的味道,是泥土的味道;故乡的味道,是野菜的味道;故乡的味道是温暖的,熊熊的篝火会温暖整个冬天。浓浓的乡音,深情的问候,真挚的帮助,无不温暖着人心。

　　家常菜、风味小吃、地方名吃,"点滴在心的滋味",一碗蛋炒饭、几粒花生米、一块豆酥糖、一盘豌菜头、一丛灰灰菜的亲切记忆,尘封的点滴私藏在这里闪光;古清生就有这样一句话——"人都有一种味觉固执,品尝新鲜的愿望是永久的,坚守故乡的味觉是比永久还久。"

15　藕与莼菜

叶圣陶

叶圣陶(1894—1988),现代作家、儿童文学作家、教育家。原名绍钧,字圣陶,主要笔名有圣陶、桂山等。江苏苏州人。代表作品有《隔膜》、《火灾》、《线下》、《城中》、《未厌集》等短篇小说集,以及《倪焕之》、《潘先生在难中》、《夜》、《多收了三五斗》等。主要散文集有《脚步集》、《未厌居习作》、《西川集》、《小记十篇》等。《藕与莼菜》、《五月卅一日急雨中》、《牵牛花》、《春联儿》等是他散文中各具特色的名篇。叶圣陶还是中国现代童话创作的拓荒者,有童话集《稻草人》、《古代英雄的石像》。中华人民共和国成立后致力于文化教育的领导工作,任人民教育出版社社长、教育部副部长、中央文史馆馆长、全国政协副主席等职。

同朋友喝酒,嚼着薄片的雪藕,忽然怀念起故乡来了。若在故乡,每当新秋的早晨,门前经过许多的乡人:男的紫赤的臂膊和小腿肌肉突起,躯干高大且挺直,使人起健康的感觉;女的往往裹着白地青花的头巾,虽然赤脚,却穿短短的夏布裙,躯干固然不及男的这样高,但是别有一种健康的美的风致;他们各挑着一副担子,盛着鲜嫩玉色的长节的藕。在藕的池塘里,在城外曲曲弯弯的小河边,他们把这些藕一再洗濯①,所以这样洁白。仿佛他们以为这是供人品味的上品的东西,这是清晨的画境里的重要题材,倘若涂满污泥,就把人家欣赏的凝感打破了;这是一件罪过的事情,他们不愿意担在身上,故而先把它们濯得这样洁白了,才进城里来。他们想要休息的时候,就竹担横在地上,自己坐在上,随便择担里的过嫩的藕或是较老的藕,大口地嚼着解渴。过路的人便站住了,红衣衫的小姑娘拣一节,白头发的老公公买两支。清淡的美的滋味于是普遍于家家户户了。这种情形差不多是平常的日课,要到叶落秋深的时候。

在这里,藕这东西几乎是珍品了。大概也是从我们的故乡运来的,但是数量不多,自有那些伺候豪华公子硕腹巨贾②的帮闲茶房们把大部分抢去了;其余的便要供再大一点的水果铺子里,位置在金山苹果吕宋香芒之间,专待善价而沽③。至于挑着担子在街上叫卖的,也并不是没有,但不是瘦得像乞丐的臂腿,便涩得像未熟的柿子,实在无从欣羡。因此,除了仅有的一回,我们今年竟不曾吃过藕。

这仅有的一回不是买来吃的,是邻舍送给我们吃的。他们也不是自己买的,是从故乡来的亲戚带来的。这藕离开它的家乡大约有好些时候了,所以不复呈玉样的颜色,却满被④着许多锈斑。削去皮的时候,刀锋过处,很不顺爽,切成了片,送入口里嚼着,颇有点甘味,但没有一种鲜嫩的感觉,而且似乎含了满口的渣,第二片就不想吃了。只有孩子很高兴,他把这许多片嚼完,居然有半点钟工夫不再作别的要求。

因为想起藕,又联想起莼菜。在故乡的春天,几乎天天吃莼菜。它本来没有味道,味道全在于好的汤。但这样嫩绿的颜色与丰富的诗意,无味之味真足令人心醉呢。在每条街旁的小河里,石埠头总歇着一两条没篷船,满舱盛着莼菜,是从太湖里去捞来的。像这样地取求很便,当然能得日餐一碗了。

而在这里上海又不然;非上馆子就难以吃到这东西。我们当然不上馆子,偶然有一两回去叨扰朋友的酒席,恰又不是莼菜上市的时候,所以今年竟不曾吃过。直到最近,伯祥⑤的杭州亲戚来了,送他几瓶装瓶的西湖莼菜,他送我一瓶,我才算也尝了新了。

向来不恋故乡的我,想到这里,觉得故乡可爱极了。我自己也不明白,为什么会起这么深浓的情绪?再一思索,实在很浅显的:因为在故乡有所恋,而所恋又只在故乡有,便萦⑥着系着不能割舍了。譬如亲密的家人在那里,知心的朋友在那里,怎得不恋恋?怎得不怀念?但是仅仅为了爱故乡么?不是的,不过在故乡的几个人把我们牵着罢了。若无所牵系,更何所恋?像我现在,偶然被藕与莼菜所牵,所以就怀念起故乡来了。

所恋在哪里,哪里就是我们的故乡了。

注　释

①濯(zhuó):洗涤。

②硕腹巨贾(shuò fù jù gǔ):大腹便便有钱的商人。贾:做买卖。

③善价而沽(gū):比喻有才干的人等到有赏识重用时才肯出来效力。沽:买或卖。

④被(pī):通"披",覆盖。

⑤伯祥:原名王钟麒,字伯祥,叶圣陶的朋友。

⑥萦：一圈一圈地缠绕、围绕。

 读后感悟

提示：嚼着雪白的藕片，眼前浮现的是故乡卖藕的情景。时空的转换使藕这种普通的蔬菜受到了不同的礼遇，而口感的不同则品味出了浓浓的乡情——所恋在故乡才有。叶圣陶的散文感情朴实，意趣隽永，语言洁净，大多具有厚实的社会内容。

每个人都有自己的故乡，一个人的童年乃至生命中的许多岁月都是在故乡度过的。故乡有自己的亲人、家庭，有很多美好的回忆。一个人的经验积累、情感与性格都与家乡的自然风貌和文化积淀有着密切的关系。可以说，故乡是一个人的根。不管走到哪里，身在何方，故乡都在他的心中，都体现在他的行为方式上。

 思考与练习

1. 第一段末尾一句"这种情形"指的是哪些事？请按时间顺序写出这些事来。

2. 请说说对"所恋在哪里，哪里就是我们的故乡了"这句话的理解。

3. 了解自己的故乡，看看故乡有哪些名胜古迹，有哪些特色物产？有怎样的风俗习惯？

 附　录

(一)藕在池塘底里的淤泥中，是一节一节横向生长的。"藕枪"是尖头上新长的一节，虽然嫩，却没有甜味；另一头长得过于老的叫"藕朴"。第二节、第三节最好，卖藕的人是舍不得自己吃的。

(二)《藕与莼菜》是叶圣陶散文中别具特色的名篇。这篇散文作于1923年9月7日，刊于《文学》81期，署名圣陶；1981年11月8日修改而成。现在录入中学七年级《语文第一册》第十八课。

这篇散文，作家通过怀念故乡的藕与莼菜，表达了其对故乡的深切怀念以及对于故乡人民的热爱。通篇感情朴实,意趣隽永。作者善于将洁净的语句表现在朴实的感情之中,显示出清淡隽永的情趣和平朴纯净的气息。语言朴实凝练,明晰纯净,生动流畅,富有较强的表现力。整体上具有一种朴素而实在、优美而自然、淡泊而隽永的艺术风格。

(三)故乡的野菜(周作人)

我的故乡不止一个,凡我住过的地方都是故乡。故乡对于我并没有什么特别的情分,只因钓于斯游于斯的关系,朝夕会面,遂成相识,正如乡村里的邻舍一样,虽然不是亲属,别后有时也要想念到他。我在浙东住过十几年,南京东京都住过六年,这都是我的故乡,现在住在北京,于是北京就成了我的家乡了。

日前我的妻往西单市场买菜回来,说起有荠菜在那里卖着,我便想起浙东的事来。荠菜是浙东人春天常吃的野菜,乡间不必说,就是城里只要有后园的人家都可以随时采食,妇女小儿各拿一把剪刀一只"苗篮",蹲在地上搜寻,是一种有趣味的游戏的工作。那时小孩们唱道:"荠菜马兰头,姐姐嫁在后门头。"后来马兰头有乡人拿来进城售卖了,但荠菜还是一种野菜,须得自家去采。关于荠菜向来颇有风雅的传说,不过这似乎以吴地为主。《西湖游览志》云:"三月三日男女皆戴荠菜花。谚云:三春戴荠花,桃李羞繁华。"顾禄的《清嘉录》上亦说,"荠菜花俗呼野菜花,因谚有三月三蚂蚁上灶山之语,三日人家皆以野菜花置灶陉上,以厌虫蚁。清晨村童叫卖不绝。或妇女簪髻上以祈清目,俗号眼亮花。"但浙东人却不很理会这些事情,只是挑来做菜或炒年糕吃罢了。

黄花麦果通称鼠曲草,系菊科植物,叶小微圆互生,表面有白毛,花黄色,簇生梢头。春天采嫩叶,捣烂去汁,和粉作糕,称黄花麦果糕。小孩们有歌赞美之云:

黄花麦果韧结结,

关得大门自要吃,

半块拿弗出,一块自要吃。

清明前后扫墓时,有些人家——大约是保存古风的人家,用黄花麦果作供,但不作饼状,做成小颗如指顶大,或细条如小指,以五六个作一攒,名曰茧果,不知是什么意思,或因蚕上山时设祭,也用这种食品,故有是称,亦未可知。自从十二三岁时外出不参与外祖家扫墓以后,不复见过茧果,近来住在北京,也不再见黄花麦果的影子了。日本称作"御形",与荠菜同为春天的七草之一,也采来做点心用,状如艾饺,名曰"草饼",春分前后多食之,在北京也有,但是吃去总是日本风味,不复是儿时的黄花麦果糕了。

　　扫墓时候所常吃的还有一种野菜,俗称草紫,通称紫云英。农人在收获后,播种田内,用做肥料,是一种很被贱视的植物,但采取嫩茎滴食,味颇鲜美,似豌豆苗。花紫红色,数十亩接连不断,一片锦绣,如铺着华美的地毯,非常好看,而且花朵状若蝴蝶,又如鸡雏,尤为小孩所喜,间有白色的花,相传可以治痢。很是珍重,但不易得。日本《俳句大辞典》云:"此草与蒲公英同是习见的东西,从幼年时代便已熟识。在女人里边,不曾采过紫云英的人,恐未必有罢。"中国古来没有花环,但紫云英的花球却是小孩常玩的东西,这一层我还替那些小人们欣幸的。浙东扫墓用鼓吹,所以少年常随了乐音去看"上坟船里的姣姣";没有钱的人家虽没有鼓吹,但是船头上篷窗下总露出些紫云英和杜鹃的花束,这也就是上坟船的确实的证据了。

16　姑苏菜艺

陆文夫

陆文夫（1928—2005），江苏泰兴人，曾任苏州文联副主席、中国作家协会副主席等。在50年文学生涯中，陆文夫在小说、散文、文艺评论等方面都取得了卓越的成就，他以《献身》、《小贩世家》、《围墙》、《清高》、《美食家》等优秀作品和《小说门外谈》等文论集饮誉文坛。他的小说常写闾巷中的凡人小事，深蕴着时代和历史的内涵，清隽秀逸，含蓄幽深，淳朴自然，展现了浓郁的姑苏地方色彩，深受中外读者的喜爱。

对于吃，陆文夫很是讲究。他认为，吃，应追求一种境界，只有环境幽雅、气氛浓郁，食客吃起来才会有兴致，吃得舒服，吃得开心。陆文夫说饮食是一种文化，而且是一种大文化。所谓大文化是因为饮食和地理、历史、物产、习俗和社会科学、自然科学的各个方面都有关联。美食是一种艺术，而且是一门综合艺术，它和绘画、雕塑、工艺、文学，甚至和音乐都有关联。

我不想多说苏州菜怎么好了，因为苏州市每天都要接待几万名中外游客，来往客商，会议代表，几万张嘴巴同时评说苏州菜的是非，其中不乏吃遍中外的美食家，应该多听他们的意见。同时我也发现，全国和世界各地的人都说自己的家乡不错，至少有某几种菜是好的。你说吃在某处，他说吃在某地，究其原因，这吃和各人的环境、习性、经历、文化水平等都有关系。

人们评说，苏州菜有三大特点：精细、新鲜、品种随着节令的变化而改变，这三大特点便是由苏州的天、地、人决定的。苏州人的性格温和、精细，所以他的菜也就精致，清淡中偏甜，没有强烈的刺激。听说苏州菜中有一个炒绿豆芽，是把鸡丝嵌在绿豆芽里，其精细的程度简直可以和苏州的刺绣媲美。苏州是鱼米之乡，地处水网与湖泊的中间，过去，在自家的水码头上可以捞鱼摸虾，不新鲜的鱼虾是无人问津的。从前，苏州市有两大蔬菜基地，南园和北园,这两个园都在城墙的里面。菜农黎明起来,天亮就挑菜到人家的巷子口,那菜叶上还沾着露水。七年前,我有一位朋友千方百计地从北京调回来,我问他为什么,他说是为了回苏州来吃苏州的青菜。这位朋友不是因莼鲈之思而归故里,竟然是为了吃青菜而回来的,虽然不是唯一的原因,但也可见苏州人对新鲜食物是嗜之若命的。头刀韭菜、青蚕豆、鲜笋、菜花甲鱼、太湖莼菜、南塘鸡头米、马兰头……四时八节都有时菜,如果有哪种菜没吃上,那老太太或老先生便要叹息,好像今年的日子过得有点不舒畅,总是像缺了点什么东西似的。

我们所说的苏州菜,通常是指菜馆里的菜,宾馆里是菜,其实,一般的苏州人并不经常上饭店,除非是去吃喜酒、陪宾客什么的。苏州人的日常饮食和饭店里的菜有同有异,另成体系,即所谓的苏州家常菜。饭店里的菜也是千百年间在家常菜的基础上提高、发展而定型的。家常过日子没有饭店里的条件,也花不起那么多的钱,所以家常菜都比较简朴,可是简朴得并不马虎,经济实惠,精心制作,这是苏州人的特点。吃也是一种艺术,艺术有两大类,一种是华,一种是朴;华近乎雕琢,朴近乎自然,华朴相错是为妙品。人们对艺术的欣赏是华久则思朴,朴久则思华,两种艺术交叉欣赏,相互映辉,近华、近朴常常因时、因地、因人的经历而异,吃也是同样的道理。炒头刀韭菜、炒青蚕豆、荠菜肉丝豆腐羹、麻酱油香干拌马兰头,这些都是苏州的家常菜,很少有人不喜欢吃的,可是日日吃家常菜的人也想到菜馆里去弄一顿,换换口味,见见世面。已故的苏州老作家周瘦鹃、范烟桥、程小青先生可算得上是苏州的美食家,他们的家常菜也是不马虎的,可是当年我们常常相约去松鹤楼"尝尝味道"。如果碰上连续几天宴请,他们又要高喊吃不消,要回家吃青菜了。前两年威尼斯的市长到苏州来访问,苏州市的市长在得月楼设宴招待贵宾。得月楼的经理顾应根是特级服务技师,他估计这位市长从北京等地吃过来,什么世面都见过了,便以苏州的家常菜待客,精心制作,华朴相错,使得威尼斯的市长大为惊异,中国菜竟有如此的美味。苏州菜中有一只"松鼠鳜(桂)鱼",是苏州的名菜,一般的家庭中做不出来。但在苏州的家常菜中常用雪里蕻烧鳜(桂)鱼汤或鲫鱼汤,当我有机会到萃华园去陪客或做东时,我只指明要两样东西,一是屈群根师傅制作的小点心,一是雪里蕻烧鳜(桂)鱼汤,汤中再加点冬笋片与火腿片,中外宾客食之无不赞美,虽然不像鲈鱼和莼菜那么名贵,却也颇有田园与民间的风味。顺便说一句,名贵的菜不一定都是鲜美的菜,只是因其有名、价钱贵而已。烹调术是一种艺术,艺术切忌粗制滥造,但也反对矫揉造作,热衷于搞形式主义。

近年来,随着人民生活水平的提高,旅游事业的发展,经济交往的增多,苏州的菜馆生意兴隆,日无虚席。苏州的各色名菜都有了恢复、提高、发展,但是也碰到了问题,这问题不是苏州所特有,而是全国性的。问题的产生原因也很简单:吃的人太多,俗话说人多没好食,特别是苏州菜,以精细为其长,几十桌筵席一起开,楼上楼下都坐得满满的。吃喜酒的人像赶集似地涌进店堂里,对不起,那烹饪就不得不采取工业化的方式。来点流水作业。有一次我陪几位朋友上饭店,服务员对我很客气,问我有什么要求,我说只有一个小小的要求,希望那菜一只只地下去,一只只地上来。服务员听了只好摇头:"办不到。"所谓一只只地下去就是不要把几盆虾仁之类的菜一起炒,炒好了每只盆子里分一点,使得小锅菜成了大锅菜。大锅饭好吃,大锅菜并不鲜美,尽管你炒的是虾仁或鲜贝。所谓一只只地上来就是等客人把第一只菜吃得差不多,再把第二只菜下锅。不要一拥而上,把盆子搁在盆子上,吃到一半便汤菜冰凉,油花成了油皮。中餐和西餐不同,除掉冷盆之外都是要趁热吃的,中国人劝客,都是说:"来来,趁热。"如果炒虾仁也不热,蟹粉菜心是凉的,那就白花了冤枉钱。饭店经理也知道这一点,可他有什么办法呢,哪来那么多的人手,哪来那么大的场地?红炉上的菜单有一叠,不可能专用一只炉灶为一桌人服务,等着你去细细地品味,只能要求服务员不站在桌子旁边等扫地。有些老吃客往往叹息,说现在的菜不如从前,这话也不尽然。有一次,苏州的特一级厨师吴涌根的儿子结婚,他的儿子继承父业,也是有名的厨师,父子合作了一桌菜,请几位老朋友到他家聚聚。我的吃龄不长,清末民初的苏州美食没有吃过,可我有幸参加过五十年代初期苏州最盛大的宴会,当年名师云集,一顿饭吃了两个钟头。我感觉吴家父子的那一桌菜,比起五十年代初期来毫无逊色,而且有许多创造与发展。内中有一点拔丝点心,那丝拔得和真丝一样,像一团云雾笼罩在盆子上,透过纱雾可见一只只雪白的蚕茧(小点)卧在青花瓷盘里。吴师傅要我为此点取个名字,我名之曰"春蚕",苏州是丝绸之乡,蚕蛹也是可食的。吴家父子为这一桌菜准备了几天。他哪里有可能、有精力每天都办它几十桌呢?

苏州菜的第二个特点便是新鲜、时鲜,各大菜系的美食无不考究这一点,可是这一点也受到了采购、贮运和冷藏的威胁。冰箱是个好东西,说是可以保鲜,这里所谓的保鲜是保其在一定的时间内不坏,而不能保住菜蔬尤其是食用动物的特殊鲜味。得月楼的特三级厨师韩云焕(已故),常为我的客人炒一只虾仁,那些吃遍中外的美食家无不赞美,认为是一种特技。可是这种特技必须有个先决条件,那虾仁必须是现拆的,如果没有此种条件的话,韩师傅也只好抱歉:"对不起,今天只好马虎点了,那虾仁是从冰箱里拿出来的。"看来,这吃的艺术也和其他艺术一样,也都存在着提高与普及的问题。饭店里的菜本来是一种提高,吃的人多了以后就成了普及，在此种普及的基础上再提高，那就只有在大饭店里开小灶，由著名的厨师挂牌营业，就像大医院里开设的专家门诊，那挂号费当然也得相应地提高点。烹调是一种艺术，真正的艺术都有艺术家的个性与独特的风格，集体创作和流水作业会阻碍艺术的发展。根据中国烹饪的特点，饭店的规模不宜太大，应该多开设一些特色的小饭店，卫生条件很好，环境不求洋化而具有民族特点。炉灶就放在店堂里，文君当炉，当众表演，老吃客可以提出要求，咸淡自便。那菜一只只地下去、一只只地上来当然就不是问题，每个人都可以拿起筷子来："请，趁热吃。"每个小饭店只要一两只拿手菜，就可以做出点名声来。当今许多有名的饭店，当初都是规模很小的，许多有名的菜都是小饭馆里创造出来的，小饭馆里当然不能每天办几十桌喜酒，那就让那些喜欢在大饭店里办喜酒的人去多花点儿气派钱。

苏州菜有着十分悠久的传统，任何传统都不可能是一成不变的。这些年来苏州的菜也在变，偶尔发现川菜和鲁菜的渗透。为了适应外国人的习惯，还出现了所谓的宾馆菜。这些变化引起了苏州老吃客的争议，有的赞成，有的反对。去年(1987年)，坐落在察院场的萃华园开张，这是一家苏州烹饪学校开设的大饭店，是负责培养厨师和服务员的。开张之日苏州的美食家云集，对苏州菜未来的发展各抒己见。我说要保持苏州菜的传统特色，却遭到一位比我更精于此道的权威的反对："不对，要变，不能吃来吃去都是一样的。"我想想也对，世界上哪有不变的东西。不过，我倒是希望苏州菜在发展与变化的过程中，注意向苏州的家常菜、向苏州的小吃学习，从其中吸取营养，加以提炼，开拓品种，这样才能既保特色，而又不在原地停留。民间艺术是艺术的源泉，有特色的艺术都离不开这个基地，何况苏州的民间食品是那么的丰富而又精细。当然，这里面有个价格的问题，麻姜油香干拌马兰头，好菜，可那原料的采购、加工、切洗都很费事，却又不能把一盘拌马兰头卖它二十块钱。如果你向主持家务的苏州老太太献上这盘菜，她还会生气："什么，你叫我到大饭店里来吃马兰头！"

 读后感悟

提示：苏州菜艺是苏州文化和苏州人性格的集中体现。每一种饮食文化，都是一张精美而生动的"名片"，那上面既记录着一个地区独特的自然环境与风俗习惯，也记录着人们的智慧、性格和人生态度。苏州菜闻名于它精细、新鲜等特点，而这些特点终究是由苏州的自然环境和人（天、地、人）来决定的。所以，文章在介绍、描写苏州菜艺的同时，尤其注意通过苏州的菜来表现苏州的风土和人情,表现苏州人的性格和生活情趣。

 思考与练习

1.文中说苏州菜有三大特点,即精细、新鲜、变化,请概括它们形成的原因:

精细——

新鲜——

变化——

2.文中说苏州人日常饮食和饭店的菜有同有异,另成体系,即所谓苏州家常菜。请列举五个苏州家常菜。

3.苏州菜的精细,在于时间、耐力和个体的创造,这与现代工业社会的节奏、效率和流水生产,是格格不入的。文中说道:"有一次我陪几个朋友上饭店,服务员对我很客气,问我有什么要求。我说只有一个小小的要求,希望那菜一只只地下去,一只只地上来。服务员听了只好摇头:'办不到。'"在服务员无可奈何的摇头和回答声中,一个吃惯了苏州菜的人会有什么感想呢?会不会觉得有些东西正在从我们的生活中被剥离而去、渐行渐远呢?这些东西,是一种菜艺?是一种情趣?还是一种精神?

 附　录

(一)陆文夫既非苏州人,也不是膏粱子弟,却成为苏州的美食家,真是个异数。陆文夫在他的《吃喝之道》中说:"我大小算个作家,我听到了'美食家陆某某'时,也微笑点头,坦然受之,并有提升一级之感。"因为作家只需有纸笔即可,美食家就不同了,陆文夫说美食家一是要有相当的财富与机遇,吃得到,吃得起;二是要有十分灵敏的味觉,食而能知其味;三是要懂一点烹调理论;四是要会营造吃的环境、心情、氛围。美食和饮食是两个概念,饮食是解渴与充饥,美食是以嘴巴为主的艺术欣赏。但美食家并非天生,也需要学习,最好要名师指点。陆文夫说他能懂得一点吃喝之道,是向他的前辈周瘦鹃学来的。

(二)陆文夫的小说《美食家》讲述一位嗜吃如命的吃客的故事:在朱自冶流连于姑苏街

巷寻觅舌间美味的生命历程中（我们记住了陆稿荐的酱肉、马咏斋的野味、采芝斋的虾子鲞鱼……），在孔碧霞如同电影开幕般亮相的那桌"百年难遇"的丰盛酒席里，确实流淌着某种永恒。正如艺术家的失恋常常可以升华为美妙的艺术，朱自冶的馋嘴也被我们好饮的作家提炼成为东方饮食文化的惊世美艳。在"美食家"朱自冶诞生之后，我们才发现，没有朱自冶的中国文坛，就像盐没搁准的朱鸿兴头汤面，总觉得有点不对劲。

（http://www.nhyouth.gov.cn 嘉兴青少年）

（推荐阅读陆文夫的小说《美食家》）

17 家乡情与家乡味

陈荒煤

陈荒煤（1913—1996），中国当代作家、文艺评论家，祖籍湖北襄阳，生于上海。原名陈光美，笔名荒煤，小名沪生。中国当代作家，文艺评论家。他的作品有短篇小说、报告文学、论文、电影文学评论、散文，主编《中国现代文学史汇编》、《中国新文学大系》、《当代中国电影》丛书等。

我是湖北人，其实在湖北的时间不长。1925年从上海回到大冶，1926年又到了武汉，1933年秋天离开武汉时，总共不过是八个年头，正是十二岁到二十岁的时候，却有不少坎坷的经历、长期贫困的生活。

然而，在长期漂泊在外期间，时常发作一阵忧郁症，整天感到一种难以排遣的忧郁，怀念家乡，不是怀念某一个具体的亲人，怀念某一段值得记忆眷恋的生活，某一个固定的可以捉摸的东西；只是感到千丝万缕、连绵不绝，无法排除也无法说明的一种感情缠绕着惆怅在心头。甚至在噩梦中，也觉得身上发热，就似漂流在长江上，滚滚的长江水已经渗透在我的血液里，翻腾不已。

这是一种怀乡病，也是一种无法排遣的家乡情。说来也可笑，也很奇怪。我常常因一阵阵茫然而徘徊于街头，感到饥饿了，就跑到一家小铺子里去，喝一碗莲子汤或是一碗糯米酒小汤圆，再吃上几个烧麦，也就渐渐平静下来。我还记得这两家小店铺，一家就在上海"大世界"隔壁街头拐角的地方，一家是在南京路冠生园饭店斜对过一家小吃店。我不知道这两家小吃店是不是湖北人开的，可是，这两处有几味小吃却是我在武汉喜爱的食物。汉口许多街上都有这种小吃店，当然，最著名的一家是大智门街口的"老通成"，我还记得他家有一个大莲子锅，犹如一个大莲蓬，一个一个长圆的小筒插在大锅里，提出来倒在碗里正好是一小碗白晶晶的冰糖莲子汤。当然，老通成的豆皮也是有名的。

因此,家乡风味的食物,既可饱腹,也可清除怀乡症。

许多人终生保持家乡的口味,难以改变习惯,这也就是一种渗透家乡情的标志吧。也因此,对家乡风味的欣赏、爱好,甚至到了迷恋的程度,对于另外的异乡人,是无法理解的。所以家乡情与家乡味是不可分的。只有家乡情而不喜家乡味的人,或是只爱家乡味而无家乡情的人都是不存在的。

当然,真正可口的美味,也可以得到异乡甚至异国人民的欣赏。近几年我分别到过罗马、米兰、都灵、巴黎、东京、京都、华盛顿、纽约等城市,那里到处都可以看到中国饭店的广告,据说巴黎的中国餐厅就有三千家,也可以说很壮观了。而凡是来中国访问的朋友也都惊讶地发现,在我国各个地方还都有想象不到的独特风味菜。可是,我不知道,在国外有没有湖北风味的餐馆。我也很难说出来,湖北菜有什么特殊的风味。

但我姨母有几样菜,的确是我非常喜爱的,是很难在饭店吃到的。

一是"蓑衣丸子"。当新鲜糯米上市的时候,挑选三分瘦一分肥的猪肉剁得细细的,还掺一点儿荸荠、小葱花,以荷叶垫底,用温火蒸熟。据她说,关键在于火候。蒸得过火,糯米失去它颗粒晶莹的形状和香味,肉也不嫩了,荷叶香味也没有了,吃起来就不那么清香可口。

之所以叫蓑衣丸子,就是说看不到肉丸的内形,糯米颗粒可见,像披上层白皑皑的蓑衣。可见,这个名称也是富有家乡味的。

再一个是炸藕夹,也要在新藕上市的时候,选一节最粗最圆的藕切成薄薄的藕片,两片之间大约只有十分之一还联结着,然后在藕眼里填上精细的鲜肉泥,裹上一层蛋清面浆,用香油炸出来;形状像一块淡黄色小小的油饼,吃起来又香又脆。大概是我十五岁的生日吧,也是考进高中的那一年,姨母对我高兴地说道:"今天我给你做一个特别的菜。"她买来一些新鲜的小虾,剥成虾仁填在藕眼里,给我吃过这一种风味的虾藕夹。这可能是我这位"秀才娘子"姨母的创造,因为,我从来也没有在任何餐馆吃过炸虾藕夹。当然,这个菜也有一个火候的问题,炸得过焦,藕夹就不脆也失去香味。

还有一个菜也是在外面很难吃到,甚至认为是一种不能登大雅之堂的野菜吧,可是我至今也还不能忘却,它有一种特殊的风味。在大冶农村,湖边、田野生长着一种紧贴地面的野草,叫马齿苋,也叫长寿菜;姨母把它采来洗净稍稍晒干,用来做米粉肉的垫底。有时候,也用它做成咸肉或鲜肉包子。

还有一种不能叫作菜了,就是在豌豆刚刚上市、颗粒饱满而清嫩的时候,用四分之三的新米和四分之一的糯米焖饭,到饭快熟的时候,用火腿丁、细粒的鲜肥肉丁,也可以放上鲜虾仁、葱花、黑木耳搅拌着豌豆盖在饭面上,洒上一点椒盐、香油,等到饭焖熟了,掀开锅盖就可以闻到一股清香,仍然嫩绿的豌豆、鲜红的火腿丁、白晶的肉丁、红嫩的虾仁、黑色的木耳和青青的葱花交织着色彩丰富的画面,吃起来真香。我母亲胃弱,吃几口,是当做饭菜来吃的,但我却是当饭吃,并且一定要饱餐一顿的。

自然,这大概都称是家常菜吧。可是,在我的记忆里都远远比大饭店那种豪华的宴席更多些家乡味。

现在人民生活比较富裕了,大饭馆多起来了,旅游的外宾也很多。可是也确有些饭店以高价豪华盛宴取胜,却不注意小吃和地方风味菜,其实是没有特色的重复,并不能吸引人们。北京烤鸭确是有中国特色的北京风味,然而全国各大城市吃到最后都捧上一盘烤鸭,岂不是重复而且单调吗?

所以,我作为一个湖北人,倒是很希望有人好好研究一下湖北的风味菜,在自己传统的风味上再加以发扬,显出自己的特色来。

我听说黄鹤楼重修之后,在山脚下将有一条街专卖湖北风味的食品,这是一个很好的想法,我祝愿它早日实现。

可是,我也不禁回忆起两件事。

一个是难忘的旧黄鹤楼之下。当我在高小到高中读书的时候,只要到黄鹤楼上去逛一下,我必然要吃黄鹤楼上的油炸萝卜丝饼。有一位老人独自挑着一副担子歇在上黄鹤楼的门脚边,他就只卖有特殊风味的油炸萝卜丝饼。一个大瓷盆里装了切得细细的白萝卜丝搅拌着不稀不稠的面浆,用几只特制的碗口般大的铁勺盛着不断地在油锅里翻炸,快熟的时候,撒上几粒虾皮和特制的拌好的椒盐。这饼中间薄,四周又圆又厚,可是吃起来,热乎乎的,外脆内柔,的确很香。这位老头,据说一天卖完这一盆萝卜丝饼就收摊。星期天,或春光明媚的天气里,在游人多的时候,你想去吃上两个萝卜丝饼,你还得赶在一个上午去哩!

半个多世纪过去了,新修的黄鹤楼下当然不会有这样的小吃了。我五十年代初第一次爬到黄鹤楼上后,突然怀念起这位老人和他留在我记忆里的美味,当时还不禁有点惆怅哩。

另外,我也回忆起一个传说:据说在古老的黄鹤楼上曾经有一位年过百岁的老道士,是一位美食家。他最嗜好吃甲鱼,而且吃法很特别,他把活的甲鱼放在锅里蒸,但锅盖上有一个小洞,当甲鱼在蒸气腾腾的热锅里把头伸出洞口来呼吸的时候,道士把他特制的调味作料、药物、黄酒、酱油等用勺子喂这甲鱼……直到甲鱼蒸熟了，它所吸饮的作料已经在全身循环甚至浸透了内脏，这只活甲鱼最后真正"入味"了，不仅美味无穷，而且特别补养身体，所以道士也长命百岁。

单就这个传说来看，咱们湖北人的祖先确是不乏美食家的。

我有幸尝到的家乡美味，屈指可数，可是，家乡风味留在我记忆里的家乡情，那是我永远数不清、道不尽的。所以，尽管我不是什么美食家，我也还是奉《中国烹饪》编辑之命，拉拉杂杂写了这一篇杂谈。回忆起半个世纪以来已经度过的腥风血雨的年代，我真诚地希望湖北人民和全国人民一样在这幸福的时代，家家户户都好好享受一下各自喜爱的风味菜，迎接更加朝气勃勃的明天。

 读后感悟

提示：《家乡情与家乡味》是一篇情与味紧密结合、高度统一的美食散文佳作。作者在抒写和赞叹家乡风味中充满着浓烈深厚的家乡情，全篇紧扣一个"情"字。文章的结尾"家乡风味留在我记忆里的家乡情，那是我永远数不清、道不尽的。"这是感情的升华，而这思乡之情又是那么缠绵无尽。

 思考与练习

1. 无论是平时逛街，还是旅游城市，还是在领略品尝地域民俗之余，最欢喜的还是家乡风味小吃，那不仅是解决盘中餐问题，更重要的是怀念的味道。因为家乡情与家乡风味是密不可分的舌尖上的感恩情怀。请背诵文章中的这段话：

许多人终生保持家乡的口味，难以改变习惯，这也就是一种渗透家乡情的标志吧。也因此，对家乡风味的欣赏、爱好，甚至到了迷恋的程度，对于另外的异乡人，是无法理解的。所以家乡情与家乡味是不可分的。只有家乡情而不喜家乡味的人，或是只爱家乡味而无家乡情的人都是不存在的。

2. 写一种你家乡的食品，注意渗透"情"和"味"（300字）。

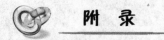

附　录

故乡的味道

　　绿豆饼的甜香、黑橄榄的香浓，才是家乡最真实的味道！当我咬了一口甜丝丝的绿豆饼，嘴里便荡漾着家乡甜蜜的滋味；当我沉醉于家乡黑橄榄香浓的滋味时，满口是家乡的情！

　　家乡的绿豆饼是我们惠来的特产，它包的是绿豆沙，吃起来是绿豆香。它的包装很特别，先是用不透气而密封的袋子包起来，再用一张面积很大的红色纸包住，还要贴上制作店的标志纸。虽然是一项很普通的制作，但它包含的情才是家乡最香的味儿！从很早的时候，很多外来的人就对我们这的绿豆饼情有独钟。有些人还千里迢迢来到我们这儿，为的是几袋企盼已久的绿豆饼。绿豆饼吃的最佳时候是它刚新鲜出炉之刻，热乎乎的，非常酥脆。咬一口，是脆；再咬一口，是香。我妈对绿豆饼再熟悉不过了，每次买都要挑热乎乎的，那才能让她满意。我呢，当然是跟着享受啦。

　　不知你是否曾经品尝过黑橄榄，它香浓而微带一丝酸的味儿，如果用心品味，便能感到家乡的味溢满心间。小时觉得黑橄榄不好吃，酸酸的，为什么不是甜的呢。但后来，直到有一天我离开家乡在姑妈家尝到黑橄榄时，眼里溢满了泪水，溢满了对家乡思念的泪水……现在我才明白，其实生活不正是这样吗？酸里带着一丝甘甜。

　　如今，家乡的绿豆饼和黑橄榄在生产上有了很大的进步，制作更加精细，味道更加醇浓，闻名远近。我爱绿豆饼、黑橄榄，更爱我的家乡！

（米兰诺 milano_新浪博客）

18 成都的"鬼饮食"

车　辐

车辐（1914—2013），笔名杨槐、车寿周、瘦舟、囊萤、黄恬、半之、苏东皮等。成都市人，1930 年创办文艺刊物《四川风景》，以记者、教书为主，抗日战争起后，为"中华文艺界抗敌协会成都分会"会员，后选为理事；四川漫画社社员；《四川日报》、《民声报》、《星艺报》记者、编辑。1940 年初，任教于西川艺专、岷云艺专，后入《华西晚报》，任采访部主任。长期从事写作，除小说外，多为散杂文、文艺评论及戏曲研究。在《大公报》、《新华日报》、《人物杂志》、《天下文章》、《笔阵》等报刊发表作品。解放后在四川省文联、省曲协工作、写作。编写《贾树三竹琴演唱选集》、《张大章的扬琴唱腔艺术》、《川菜杂谈》，以及长篇小说《锦城旧事》等。

过去成都有一种"鬼饮食"，在打二更时（相当于晚上十点钟）开始出现于街头巷尾，夜深了还在卖，有的一直要卖到第二天早上黎明前。这里说的"鬼"，指的是在夜深出现，指的是时间。

当年最有名的"鬼饮食"要算春熙路三益公门口那个卖椒盐粽子的，每夜打二更就出来了，不论酷暑严寒，总是摆在那个固定的地方——行人道边三益公戏院出来的门口上。担子上燃铁锅炉子，锅是扁平的，下燃木炭；有的炉上用铁丝网子，放上一块块的红豆椒盐糯米粽子，翻来覆去地烤于木炭上，随时注意火候，一不能焦，二不能煳，要烤成二面黄，使椒盐香味散发出来，让行人闻之馋涎欲滴。更重要而有特色的是椒盐烤味中，喷射出和在粽子里的腊肉颗子的香味，刀工尤好，切成肥瘦相连的小颗子，和在红豆、糯米中，烤到九分九厘炉火纯青时，那香味真如当时"售店"（公开卖鸦片烟的烟馆）门口挂的灯笼，上写："闻香下马，知味停车。"这种"鬼饮食"的"鬼"字，还不能专指它出来的时间，它"鬼"在精细。粽子，在四川农村里本是平常的家常小吃，特别在过年过节的时候，家家户户都有，可是怎能及这个"鬼饮食"的烤椒盐粽子呢？它烤出了腊肉之油，油浸于粽，火候恰到好处，喷发出微带焦香引人食欲的奇妙绝佳的味道。深夜了，三益公戏园子戏毕出来的观众，春熙路上往来的夜行人，不是饕公食客，也要"闻香下马"，况那时市中心热闹街上"售店"梭出来的大烟鬼，也就要直扑入"鬼饮食"椒盐粽子的香味中去了。做这种"鬼饮食"的小商小贩（其中也有自己便是小烟鬼的，真是"鬼"在一起了，因为如此，所以才大有文章可做），"鬼"无论大小，却有鬼才，烟瘾发了促使他产生对"鬼饮食"精益求精的本领。当时成都那个黑暗社会，不止于"鬼饮食"，其他方面，也确有不少烟鬼想出很多赚钱的办法，在饮食烹饪上奇峰突出。可不可以这样说：他们在某些大小吃的加工上，精到细致，丰富了饮食文化。当时成都"鬼饮食"卖椒盐粽子的，不止三益公戏院门口一家，市中心区还有不少，一般都能达到这个水平。事隔五十多年了，仍使我们想念它，思之而不可得。烟鬼能做到，我们今天高明的厨师们为什么不能做到？且超越他们？为什么类似椒盐粽子的小吃看不见了？为什么？难道不令人深思吗？就椒盐粽子本身而言，简陋到极点了，但它却能出异味、生奇香，诱人食欲。那火候、工艺程度，确实可以作为发掘祖国烹饪遗产那一类，将它继承下来，发扬光大。慈禧吃过加工精细的小窝窝头，过去北海仿膳还卖过。我们的椒盐粽子何尝不可以小型出之，用电烤上席，我想是可以的。做出来勾人食欲，认真做好了，讲经济效益也不难。做出具有特色的小品，不愁上帝不光临。鲁迅先生说过："发思古之幽思，是为了现在。"好的先人遗产，继承下来，就是为了现在。观如今，当嘉兴粽子在市中心大大小小国营食品、百货公司大楼门口出现时，使我这个成都人感到不是滋味了；因为不少名小吃在恢复发展中受到欢迎，然而"鬼饮食"烤椒盐粽子却直到今天还是一个空白！

再说回去，旧时售"鬼饮食"者，有提竹兜卖卤鸡翅膀、鸡脑壳的，也是在打二更时方出现在街头。他一般是对准那些戏看完后的女宾兜售。只有当把戏园子的买主卖完时，他才去到"售店"向瘾哥进攻。这种"鬼饮食"，卤味浓，香料也放得重，故能发出奇香，一般要卖到凌晨以后才从"售店"出来，并沿着行人道上铺面走，嘴上成都的"鬼饮食"还悄悄地发出一短一长的卖叫声："买——鸡翅膀呀"，"买——鸡脑壳呀"，卖者往往把卖叫声音压到八度下，这是为了不在夜深扰人清梦，但又不甘心放过店铺里那些个爱找"鬼饮食"吃的"夜猫子"。卖者当然知道哪几家店铺有他的"熟买主"，当他把卖叫声压得更低（几乎贴到铺面铺板）时："买——鸡脑壳呀"，店铺内便会反馈发声："拿鸡脑壳来！"于是在稀开了的铺板门缝内外，完成了一桩"鬼饮食"交易。

还有那些烤叶儿粑的，原以安乐寺（今红旗商场一带）茶铺为据点，一到夜深就从据点出发,分兵四出,手提铁皮小圆锅,一面是铁皮小炉,几个甜咸异味的叶儿粑在猪油中熬煎,用铁铲不时翻腾,一则防焦,二是使猪油在熬煎中发生香味。这种东西,比一般的叶儿粑小,然而问题不在大小,在于油煎时那诱人的香味飘散在子夜时分,若此时是在戴望舒写的"雨巷"情景中的话。只在咬一口热漉漉的叶儿粑,倒上床去很快就眉闭眼合了。不可小视,这才算是小吃艺术之魅力所在,它在深夜解决了肚子有点饿的"问题"。来点恰到好处的小吃,使您马上感到最大的满足。

一位七十岁以上的老人,川西有名的川戏鼓师何少泉之公子何以匡老先生,五十年前曾在成都春熙路大商店"协和"当店员,他说,旧时的"鬼饮食"常使得他们在打过三更上床快入睡时,闻声又爬了起来,稀开门缝,伸手买回一包"娃娃花生米子",又酥又香又脆,每包二百文,价廉物美。若现吃现哼上两句,那乐趣、那情景、那口福,真是不摆了!

更阑夜静,还有敲卖卤帽结子(小肠打结)和肥肠头头夹锅魁的;敲竹梆梆卖马蹄糕、酒米粑的,热烤热卖。这些"鬼饮食",在严寒的深夜里,花钱不多,却可以温暖人心,也正是这些带有普遍性的平民小吃,对低消费者说来,实在是不可须臾离之。而今眼目下,高消费发烧发热,归根结底只是少数人的事,至于广大人民群众生活的必需食品,那总得要想法去解决、满足才是,否则,两极分化魔术匣子的幽灵将会出现。"鬼饮食"虽系小吃,但它的涉及面宽而广,鲁迅先生早说过:资本家不会想到捡煤渣穷苦人的生活(大意)。这不是杞人忧天,国外舆论已有报道,别人倒把我们的弊病看出来了。

学道街东口行人道上,每晚邓抄手要卖到十二点以后,抄手皮薄,浇红油,撒花椒面、冬菜末,再加葱花,外挑一撮猪油(内夹杂炸酥了的油渣)。在隆冬的深夜,来这样一碗热腾腾的抄手冒饭,可谓"万物备于其中"了,它给城市居民在深夜寒风中带来多少温暖啊!书院东街口王鼎新的牛杂碎要卖到半夜三点过,唱完板凳戏的川戏玩友们,都要去吃了牛杂碎汤,才满足而归。黎明前人们还听得到卖梆梆糕的叫卖声,还能看见烤黄糕的在等待着"风雪夜归人"。那时候造币厂、兵工厂的工人正是他们的买主。记得许多年前的一个深夜时分,偶然收到广播里在播送成都市曲艺演员程永超说的评书,当时竟有些不解。后来才知道那是专门说给"三班倒"上夜班工人听的。我当时就感慨:这是想得周到的广播。而转回来再说,"鬼饮食"(在这里暂沿用这个词儿),不仍然是可以为他们服务么?

深夜,在那些走街过巷的"鬼饮食"中,使人难忘的还有:卖香油卤兔的、卖卤肉夹锅魁的、卖红油肺片和油酥麻雀的……哎!实在是妙不可言,好,不摆了!

读后感悟

提示:历史上成都因"蜀道之难,难于上青天"之"地利"而少受朝廷之监管,位于中国西南的大盆地变成了一个最最悠闲的城市。这样的城市,竞争不是那么惨烈,变化不是那么剧烈,人心也就不是那么焦灼。这样的城市,包容,随和,不排外,不顽固。有人说,世界上最好吃的人是成都人。川菜是中国四大名菜之一,地方特色十分鲜明,成都菜是其代表,特点是加工精细,调味多变,一菜一格,百菜百味,花色品种多达 4000 余种。成都的小吃、鸳鸯火锅,遍布大街小巷,香飘千里,实在诱人。川酒,天下美酒出四川,五粮液、剑南春、水井坊、泸州老窖、郎酒、全兴、沱牌享誉中国,回味悠长。夜游的成都人,最起码也有"鬼饮食"伺候着,有好菜好酒享受,好吃好耍的成都人简直活得太巴适(滋润)了。

 思考与练习

1. 所谓一方水土养育一方人,从文章的字里行间,可以想见作者是个怎样的人? 成都人都有怎样的性格特征?

2. 调动你的专业知识,分别列出六到十个成都小吃和广州小吃,比较一下,小吃的名字有什么不同。

 附　录

(一)"鬼饮食"这个名词,最早见于写《死水微澜》的本土作家李劼人的笔下。在旧时代,成都及周边的许多名小吃,都是起早贪黑、走街串巷的小贩发明的,例如夫妻肺片、麻辣烫、赖汤圆、龙抄手、叶儿粑、莲子羹,等等。一挑担,一风灯,再爆起一吆喝,匆匆往来的夜游神们,不得不刹步,安抚一番蠢蠢欲动的口胃。当然也包括归来游子的乡愁。

(二)成都人,夜游神。许许多多的成都人,都好像可以不睡觉,好像第二天可以不上班,好像没有家或者有家可以不回去,很晚很晚的深夜,还在外面浪晃着。成都人的确比较闲,不是时间真比外地人多,而是心思相对悠闲。白天,该忙的忙了,该做的做了,该累的累了,夜晚来临,是成都人痛痛快快享受生活的时候了。吃,是成都人生活里很重要的内容,因此,仅仅是晚饭好好吃一顿,肯定是不够的。晚饭,对于很多成都人,还只是一日三餐中必须要应付的一顿,是肚子饿了的需要。做生意的人,晚饭大多是生意场上的应酬,酒喝了不少,美味佳肴却没怎么品出滋味。对不需要应酬的人,晚饭往往只是夜生活的开始。成都人爱夜晚,夜晚的悠闲、凉爽、朦胧和喧哗退去后的相对宁静,似乎更适合成都人平和闲散的性格。因此,最精彩的川剧是在夜幕降临后的锣鼓声中亮场的,茶馆里最旺的人气是在灯光下翻腾的,大街小巷里的龙门阵,也是在夜色中的树荫下,摆得玄乎又玄的。现在的夜生活不以看戏喝茶摆龙门阵为时髦了,于是,成都的酒吧之多,不亚于北京、上海、广州,可见成都人有多么迷恋月色朦胧、晚风荡漾、灯光迷离的夜晚。对于天下第一好吃的成都人,这样的夜晚,怎么能够没有美味佳肴呢?(选自 SOSO 百科)

(三)关于车辐老人

爱好写作

著名老作家何满子说过:在成都,不认识车辐,就如同没有真正认识成都一样。早在抗战时期即为四川"名记"的车辐,是成都的一块老字号招牌,他的身上被赋予了太多的名分:九旬笑翁,资深老报人,记者作家,美食家,老顽童,策划人,搞笑大师。著名剧作家吴祖光称他是"成都的土地爷"。魏明伦则说:"黄宗江是北京的老活宝,车辐是四川的老活宝。"

在笔者与车辐先生的多次接触中,印象最深的就是他的幽默。其老伴对他的评价是,别看都 92 岁的人了,但这一辈子就改不了老顽童、老活宝的德行。哪里有好吃的,好耍的,好看的,他都想去,一来凑个热闹,二来想为自己的写作整点素材。

坚持写作、写日记是车辐半个多世纪的爱好,他说,写东西相当于"吃零食",不经常嚼着一点,心头不安逸。车辐自我评价:我一直坚持写日记,近 70 年来写的日记已有近千万字,从文字数量上看,不逊于巴尔扎克。今年满 92 岁的车辐仍没服老,想写的照样要写,这不——继《锦城旧事》之后,他的《川菜杂谈》前不久又问世了。在这本书中,他把一生的食经、食道、食谱、食趣,一起有滋有味地装进了此书。他说,只要写得动就还要写。90 多岁的车辐推出了他的 20 余万字的《川菜杂谈》。书中车老自称为"好吃嘴"。

善于幽默

车辐的幽默不只是性格使然,更来自他对生活乐观向上的态度。著名文人流沙河说,当年他被打成黑帮的时候,几个文化人被弄去拉架架车,沙河先生人走霉运,心有所碍,便只顾埋头拉车,羞于抬头见人;而车辐则昂首挺胸,一路上到处和别人点头挥手打招呼,那神情,好像不是在当黑帮拉架架车,而是出席一个很体面的活动。

钟情美食

车辐还有一个特大爱好:吃。当年他当记者时,只要省外那些文化、演艺名人到成都来,他就总是请人吃,曾经陪白杨、赵丹、小丁、方成等文化演艺界的人士吃遍了成都的小吃。如今自称业余美食家的他虽已九旬,但自我评价"除了钉子,啥都嚼得动"。夫妻肺片要吃双份,甜烧白也不得虚,轮椅推上街,一路上要买两个蛋卷冰淇淋且行且吃。有几次看电视睡着了,手里还拿着半边桃酥,醒来又接着吃。

据说80岁的时候,车辐有一次生重病,被送进医院。当时他张嘴都有些困难。成都晚报的一位老友去看他,手里提了一些吃的东西。有气无力地躺在床上的他忽然眼睛一亮,说:"兄弟,你提的啥子好吃的东西,莫藏到藏到的,拿点来吃嘛!"一句话,惹得看望他的众人大笑。老伴调侃丈夫:"我呀,也就是没他会写,没他能吃,除此之外,哪样都比他强,你说,他还绷啥子名人嘛!"

(选自百度百科 http://baike.baidu.com)

19　粤菜进入"后现代"

《羊城晚报》贺贝　小素

叫一壶香茶,点几笼美食,与亲朋好友边吃边聊,是广州老茶客上茶楼"饮茶"时的传统习惯。那熟稔而可人的气息,犹如百年祖传的樟木柜,有沁透心脾的亲切。一舟风雨的艇仔粥,满堂生春的云吞面,撩人肠气的裹蒸粽,堪慰饥腹的叉烧包,令人忆起多少岁月的沧桑和人生的况味。

百年繁华

广州的茶楼食肆自古兴旺繁华。盛极一时的惠如、三如、太如、多如等九大"如"字号茶楼,至今尚未完全退出我们的记忆。泮溪、北园、南园、大公、莲香、大同、陶陶居、大三元、太平馆、菜根香、广州酒家等长长的一串"食名",声震九州,名播海外。不说南园的佛跳墙、菜根香的鼎湖上素、大同的红烧鲍片、莲香楼的莲蓉月饼,也不说北园、泮溪的雕楼画栋、亭台水榭,大三元、陶陶居的华庭雅座、斑斓花窗,光是陈如岳(清末南海翰林大学士)题写的"莲香楼"、刘海粟笔赠的"其味无穷"(北园酒家)、康有为遗墨的"陶陶居"……也足以让广州的食肆锦上添花。

粤菜源远流长,但有学者认为,直到上一世纪,随着广州的名楼美食如群星般涌现,广州菜的风味、品种、烹调和型格,才得以基本确定而自成体系(同属粤菜的潮菜和东江菜,亦是如此)。这一看法很有道理,广州酒家两年前推出的"五朝宴",搜寻自唐以来有代表性的经典名菜佳肴加以改造,却无一来自粤地,这也许能说明,粤菜之成其大系,还是清末以后的事。事实上,作为粤菜成果体现的菜式,其基本类型和品种,均不出老字号所创。从鲍参翅肚到豆腐青蔬,从鸡鹅鸭猪到粥汤果点,也不论九大簋还是寻常小菜,都可以在老字号的菜谱里,找到它的出处和影踪。

"食在广州"是国人公认的美誉。上下九、长堤和中山五路一带,曾成为"美食一条街"煊赫了整整大半个世纪,只可惜近十来年城建拆迁和市场经济的制约,老字号们呼啦啦地倒下了一大片。虽然新的酒楼食店不断冒出,但川菜、湘菜、东北菜、江西菜乃至日菜、韩菜、泰菜、越南菜汹涌而入,食肆上的粤菜似乎显出了"混血化"味道,也因此引发了有关传统粤菜前景的诘疑。

有两种说法极具代表性。一是断言粤菜正遭遇大规模的蚕食,与外地菜的区别将日渐模糊,传统的地方特色也将日渐丧失。另一观点恰恰相反,看到了粤菜正进入一个更大范围、更丰富多样的发展时期,无论形式和内涵,长足的进步都为以往的任何时期所不及。后一种看法,现为越来越多的粤菜厨师和文化学者所赞同。

宽容广纳

如果说粤菜的变化是一种"混血",那么从十多年前就已经开始了。当时,香港厨师大量进入,港式美食品种和烹调特色跻身广东食肆,其菜式美其名曰"新派粤菜",为食家们接受。所谓"新派",一般是指新材料、新制作和新口味。比如象拔蚌、冰淇淋、"肥牛"、咖喱的引入,芝士、XO酱、鱼露、洋酒(如红酒和白兰地)等调料的广泛使用,"铁板"、"镀仔"带来的新菜式、新口味……它们在不少环节和菜式类型上,丰富和充实了粤菜。

"新派粤菜"对传统粤菜的影响是革命性的,使粤菜在烹调和口味上奇招迭出,变得更为丰富多样。

比如鲈鱼,新的制法就有锡纸烧汁鲈鱼、五星酱蒸鲈鱼、泰式鲈鱼、美极烧鲈鱼、芙蓉鲈鱼、七彩鲈鱼、功夫鲈鱼、潮式明炉鲈鱼、干烧鲈鱼,等等。

对"西菜洋食"兼收并蓄为我所用,也是成果喜人。三文鱼不但可热吃,还可当做顺德鱼生来"捞食";沙律作乳猪味料,沙爹用于油蟹焗制;美国火鸡取"片皮鸭"之法烤食;北海道肥牛与杂菌同煎;牛柳不用烟熏,烤至八分熟后以碧绿芦笋铺垫,花斑芋片装饰,活脱脱一片田园野趣;法国牡蛎毋须生吃,晒干后煎熟点砂糖伴食,甘香透齿而又补肾壮阳;似澳大利亚岩烤,烧热石头后喷上花雕酒来焗制鲜虾、驼肉,就是爽滑鲜嫩的粤菜风味;利用刨冰堆出冰峰,插上鲜嫩的芦笋、芥蓝,以日本芥辣佐食,谁说不是粤菜的"冷盘"?

成都有一川菜老板姓谭,他带来的"谭鱼头"进入广州,竟颇得粤菜风韵。"谭鱼"是江汉平原的鲜活花鲢,头肉肥而刺少,脑部特大,唇口细嫩幼滑,肉质不韧不"削";取火锅吃法,汤底配料独特,辣味不辣心,辣口不上火。酱料则杂香菜、黄豆、葱花、芝麻、芹菜、韭菜和豆瓣菜等诸味之大成,鲜香而惹味。吃鱼头前,先喝肉汤,以使舌下生津,然后按鱼唇、鱼脑、头皮、鱼肉的顺序,次第享用;鱼头拆过,鱼腩、毛肚、肥牛、鹅肠和时蔬,任由选择。这样的材料和吃法,已非川菜而无异粤菜了。尤其是那酱料,酷似粤菜涮羊肉所用。以蘸料配鱼头,更是粤菜一大奥妙。以此通观,每况愈盛的粤菜,对外地菜有着多么巨大的吸引力啊!

创新善变

又如鹅鸭,除了传统的脆皮和丰腴外,又多了一种烧法:突出鹅皮自身的香味,让粗韧的鹅肉变得柔软嫩口;爆烤鸭本是京城美食,但把用料稍加改造,就变成肉嫩皮香、肥润不腻的粤菜风味。猪手是寻常菜式,除了白云猪手、焖制猪手,又创出了盐焗猪手、酒熏猪手和茶皇猪手(加入红茶和芥辣,香浓爽滑、肥而不腻)。烹制鳝肚也不必借助打芡和蛋清,而是大胆地配以膏蟹,使之更柔滑甘美。菠菜煮汤不必重油重色,而是加入蛋白使之更鲜嫩软滑。坑腩可酥烧成脆皮,秋茄可用田螺焗制,杨桃蒸鳄鱼肠,龙虾熬汤泡饭……这样的创新数不胜数,发挥得可谓左右逢源、挥洒自如。

鱼要嫩滑,顺德便创出一种"二吃法":先将鱼身表面的部位蒸熟、吃掉,然后回笼再蒸,再吃,只要火候掌握得好,连鱼背的肉都不再粗韧;鱼肉要爽,但爽与滑往往难以兼顾,有食肆便创出"粥锅涮鱼片":把大条的脆肉鲩切片放到火锅里涮,但锅里不是汤而是靓米熬成的稀粥。因米粥富含淀粉,淀粉附在鱼片表面,鱼肉吃起来就既滑又爽。更令人称奇的是,锅里的粥也是"秘制",虽久煮而不粘锅,心思之巧可谓登峰造极。

广东人爱吃鱼头,粤菜大师(尤其是顺德厨师)对鱼头的研究和烹调技艺,可谓天下第一——焖、烧、蒸、炖、焗、煲,无所不精。近几年的鱼头之食更翻出了不少新花样,较有名的如观鹭酒廊以药材烹制的鱼头猪脑煲、湘村馆里以鲜取胜的剁椒鱼头、"荔苑"鱼店外脆内滑的荔苑鱼头煲、"潮江春"里脆香汁浓的姜葱煎焗大鱼头、太平馆西餐厅泰椒姜汁调制的砂锅鱼头煲、竹庄酒家汁浓味厚的鲍汁鱼头,等等。不难看出,粤菜鱼肴这种种变化,都与新派粤菜带来的创新思路很有关系。

由此可见,粤菜不是"原味清淡",不是海鲜野味,不止于老火靓汤,更不会囿于某类具体的菜式。风味和口感,只是粤菜以不变应万变的本色,宽容广纳、创新善变而又保持自身特色,才是粤菜长盛不衰的生命所在。

如今,广州将在西关等地组建"美食街",一些老字号将东山再起,外来菜也将更多地进入广州,而一个荦荦大者的粤菜"后现代"局面也即将到来。

 读后感悟

提示:"食在广东"早已深入人心。文章用三个小标题从三个方面阐述了粤菜(也是广东饮食文化)的特点,文章最后说:"粤菜以不变应万变的本色,宽容广纳、创新善变而又保持自身特色,才是粤菜长盛不衰的生命所在。正是粤菜进入"后现代"的真实写照。粤菜厨师中流传着这样的祖训:"有传统,无正宗",体现了广东人敢为天下先的勇气和开拓创新的精神。

 思考与练习

1.试从"变"与"不变"的不同角度阐述你对现今粤菜的看法。

 附 录

(一)美食从来都是受到所在地风土人情、人文习惯影响的。粤菜所处的区域,鱼米之乡、土地肥沃,气候温润,吸引往来候鸟提留过冬,珠江口咸淡水交汇提供丰富海产,既有海鲜的纤维质感,又有河鲜的滑嫩口感,这些都为粤菜提供了极其丰富的食材。南海、番禺、顺德地区多水乡稻田,菜肴带着鱼米之乡的风味;潮汕地区海鲜原汁原味,多用药材卤味,讲求饮食品位,口感丰富;东江地区多出山货,味道咸香浓郁,这些都构成了粤菜风格,加之吸收中原饮食文化,广州最早开埠,融合海外饮食特点,海纳百川,多元文化兼容发展为如今的粤菜。

粤菜一直在变,但一直不变的是"道法自然"的饮食态度。不管食材是怎样的"舶来品",粤菜始终坚持自然的烹饪手法,强调食材的新鲜度和丰富性,所以有云:"粤菜'清而不淡,鲜而不腥,肥而不腻'。这是粤菜的特点,也是它在历史长河中,与其他菜系流派比较的生存之道。"

（庄臣，中国五星级酒店自己培养出来的第一位华人行政总厨。著名饮食专栏作家、著名美食家、饮食文化学者、广州大学旅游学院客座教授。游历世界各地名酒庄，品评天下美酒与佳肴，《庄臣食单》饮食文化系列丛书作者。）

（二）粤菜即广东菜（狭义指广州府菜，也就是一般指广州菜，含南海、番禺、顺德），是中国汉族八大菜系之一，发源于岭南，由广州菜、东江客家菜、潮州菜发展而成，是起步较晚的菜系，但它影响深远，我国港、澳地区以及世界各国的中餐馆，多数是以粤菜为主，在世界各地粤菜与法国大餐齐名，国外的中餐基本上都是粤菜。因此有不少人，特别是广东人，认为粤菜是华南的代表菜系。粤菜集南海、番禺、东莞、顺德、中山等地方风味的特色，兼京、苏、淮、杭等外省菜以及西菜之所长，融为一体，自成一家。粤菜取百家之长，用料广博，选料珍奇，配料精巧，善于在模仿中创新，依食客喜好而烹制。烹调技艺多样善变，用料奇异广博。在烹调上以炒、爆为主，兼有烩、煎、烤，讲究清而不淡，鲜而不俗，嫩而不生，油而不腻，有"五滋"（香、松、软、肥、浓）、"六味"（酸、甜、苦、辣、咸、鲜）之说。时令性强，夏秋尚清淡，冬春求浓郁。粤菜著名的菜点有：鸡烩蛇、龙虎斗、烤乳猪、太爷鸡、盐焗鸡、白灼虾、白斩鸡、烧鹅等。粤菜是一种文化，是一种气氛，是一种渲染，是一种和谐，是一种民俗，是一种色彩，也是一种健康标准的体现。

（三）"后现代"之"后"具有双关性，它体现了对待"现代性"的两种不同态度。在一种意义上，"后现代"是指"非现代"，它要与现代的理论和文化实践、与现代的意识形态和艺术风格彻底决裂。"后"可以肯定地理解为积极主动地与先前的东西决裂，从旧的限制和压迫状态中解放出来，进入到一个新的领域；也可以否定地理解为可悲的倒退，传统价值、确实性和稳定性的丧失。在另一种意义上，"后现代"被理解为"高度现代"，它依赖于现代，是对现代的继续和强化，后现代主义不过是现代主义的一种新面孔和一种新发展。

"冰起于水而寒于水，青出于蓝而胜于蓝。"后现代主义是起源于现代主义内部的一种逆动，是对现代主义纯理性的反叛，终日面对冷漠呆板的设计人们已感到厌倦，它表达了人们对于具有人性化、人情味产品需求的心声。后现代主义作为一种设计思潮，反对现代主义的苍白平庸及千篇一律，并以浪漫主义、个人主义作为哲学基础，推崇舒畅、自然、高雅的生活情趣，强调人性经验在设计中的主导作用，突出设计的文化内涵。

（选自 http://zhidao.baidu.com）

20　*味蕾上的故乡

古清生

古清生，客家人，祖籍江西，出生在湖北。北京职业作家，美食家。曾从事地质勘探、宣传和专业写作等公职，1994年辞职到北京从事职业写作。他以其地质队员的姿态步入写作，将流浪、生命、写作融于一体，创造出奇特的充满个性化的行走文学文本。主要作品有《左烧烤右煨汤》、《男人的蜕变》、《漂泊者的晚宴》、《漂泊北京》、《风中的身影》《古清生自选集》、《追杀索罗斯》、《高危地带》、《把我寄出去》等散文专集和长篇小说，与人合著有《中国可以说不》等，业余从事国际问题研究。

人对食物依赖的惯性，可能要超过语言，所谓"乡音未改鬓毛衰"，那是在没有统一的标准语音以前，相同的汉字，在不同的地区作不同的发音，今天有了全国的统一音标，有了现代传媒，普通话有较大普及，到上海、广州、武汉、天津、重庆这些大城市走一走，它们仍是方言城市，乡音不改，可也能双语或多音表达，尤是少年学子，在学校即受到普通话教育，改变的概率大得多，至少也改它个南腔北调。

那么，味觉呢？一个少年离乡，在外面闯荡生活了数十年，口音也完全北京化了的人，然对故乡的一味普通食品，仍怀无限忆念。《温州晚报》的程绍国兄说，历次进京前打电话问林斤澜先生要带点什么，林斤澜先生只说要带鱼生。林斤澜原是温州人，以前一直以为他是北京人呢。鱼生、小带鱼和萝卜丝混合盐腌，加红曲，它是生的，外人难以吃出其妙处。据说温州人把它带往海外，欧美国家海关的检测警报往往响起，拿去检测，细菌超标300万倍，海关检查官问做什么用（人家以为是毒品吧），温州人说是吃的，检查官就如见到外星人：这也能吃？啊，这也能吃？温州人再带鱼生去海外，就包数层塑料袋，不让海关检测仪测到。

能吃。温州人的胃里早已培养出消化这种细菌的酶,也有了鱼生的味觉记忆,它不会被岁月漂白,不会被时间磨灭。

人都有一种味觉固执,品尝新鲜的愿望是永久的,坚守故乡的味觉是比永久还久。人到中老年,尤甚。老年人对味觉的执着,还希望传给下一代和下下一代,用味觉维系乡土亲情,是潜意识中最为有效的方式之一。这不像广东女人的口号:要想老公回家睡,你要拴住他的胃。广东女人很功利性地练习煲汤,是她们情战的辅助手段。是的,你可以不爱我,难道你不爱我煲的一罐好汤吗?广东女人,不爱红妆爱煲汤。

味觉是故乡的,故乡是一种酶,在人生的成长历程,那初始的品位,将成为一生中最快乐的品位。作为杂食类的人类,对味环境的适应已经远远强于那些单食类动物了,可是人类还保留有那么一点点专注,它从生理性到心理性双重维系故乡与亲情。故乡,或许就在味蕾上。

 读后感悟

提示:古清生的美食文字,是一种对于生活的热爱和浸入,是一种对于文化的思考和追溯,同时是自己内心深处泛起的对人间烟火、对文化文字若远若近的乡愁。

 思考与练习

古清生说:"乡土菜是最美好的,它与田园风光一样,是我一生都在怀想的境界。"谈谈你对这句话的理解。

 附　录

古清生在接受《精品导报》的记者采访时说:"人人都觉得故乡的食物最好,故乡是一种酶,味觉之上含有乡愁。"事实上,古清生的文章是味蕾中的文化乡愁。随着机械化时代的来临,蔬菜瓜果不再是自然的颜色、自然的生长,鸡鸭鱼肉也改变了以往几千年的生长秩序和生长环境,许多食品被流水线生产出来,而传统的美食也失去了生存的土壤,纯粹手工的美食也快要失传了,天然的美味只在童年的记忆中,只属于故乡。在苏丹红、吊白块频频被媒体曝光的今天,谈美食是一种奢侈。看古清生写吃喝,其实吃的是一份传统文化的情怀,挽留传统的生活方式的余温。美食之于古清生,还是反抗平淡、庸常生活的一种方式,美食是古清生灵魂的出口,是对社会现实的观照,里面贯穿着对万物的体悟、对生命的尊重,以及对人类生存现状的思考。

（选自柳已青 http://blog.tianya.cn）

第五单元　语言中的吃

　　中国人认为开门七件事离不开"柴米油盐酱醋茶"。把吃跟人生的每一天联系起来,这是中国文化的特色。在中国人的口语和文化里,关于吃的相声,关于吃的对联,关于吃的画,关于吃的电影电视很多;关于吃的词汇、成语、歇后语、诗词就更是举不胜举了。

　　本单元中关注的是"语言中的吃"。

21　语言中的吃

杨乃济

杨乃济(1934—)，生于北京，北京大衍致用旅游规划设计院总策划师，北京旅游学院旅游科学研究所名誉所长、教授，国务院特殊津贴专家，中国紫禁城学会常务理事。1955年毕业于清华大学建筑系，在中国建筑科学研究院建筑历史研究所从事中国古代建筑史研究。撰稿专题片《中国人的饮食世界》，获广电部优秀电视社教节目一等奖(政府奖)。作为专家评委或项目专家参与过多次国家、省、地市的旅游规划，受到广泛好评。已出版著作有《中国古代建筑史》、《圆明园》、《旅游与生活文化》、《蔷薇地丁集》、《马二红学》、《吃喝玩乐中西比较谈》、《随看随写》。

基于中国人之无所不吃，在我们的语言中，这"吃"和有关吃的词语，便渗透到生活中的每一层面，每一角落。英语中的"eat"有"吃"、"喝"、"腐蚀"、"蛀蚀"、"喂养"五种意思，而汉语的"吃"字，则可组成数十个词儿、成语。如我们称不受欢迎为"吃不开"，受欢迎为"吃香"，支持不下去为"吃不消"，拿不定主意为"吃不准"，被控告或捉进监狱为"吃官司"，产生嫉妒情绪为"吃醋"，费力气为"吃力"，被人打了嘴巴为"吃耳光"，被人拒之门外为"吃了闭门羹"，称强横的人为"吃了横人肉"，称辨不清是非的人为"吃了迷魂汤"，称金属切削的切入量为"吃刀"，称船身入水的深浅度为"吃水"，称看软性影视为"眼睛吃冰淇淋"；上海人把遇到棘手的难题称"吃瘪"，挨了老婆的骂称"吃排头"，挨了洋人的打称"吃了外国火腿"，把在女人身上占便宜称为"吃豆腐"，绍兴人又把"死"称为"吃了大豆腐"。

许多抽象的东西我们竟也拿来吃，如被人侵犯了权益，我们说"吃亏"，受惊说"吃惊"，紧张说"吃紧"，受苦为"吃苦"。我们也常以吃某种东西来称道某种职业，如称士兵为"吃粮的"，称房地产经纪人为"吃瓦片的"，称教师为"吃粉笔末的"，称古董行专营书画、碑帖的为"吃软片的"，经营青铜器、陶瓷的为"吃硬片的"。此外还有所谓"吃堂子饭"（娼妓）、"吃白相饭"(地痞流氓)、吃闲饭(游手好闲)、吃洋饭(服务于外企),以及"吃里爬外"、"癞蛤蟆想吃天鹅肉"、"吃一堑长一智",等等。

在中国最有名的小说《红楼梦》中,更有许多极其生动极其俏皮的关于吃的词汇,如"吃着碗里看着锅里"(第16回),"千里搭长棚,没有不散的筵席"(第26回),"烧煳了卷子"(第46回),"隔锅饭儿香"(第62回),"清水下杂面,你吃我也见"(第71回),"胖子也不是一回吃的"(第84回),等等。更为奇妙的是中国人看见了一位漂亮的姑娘,竟然以"秀色可餐"形容她的美貌,这样的语言实在令西方人难以理解,若有人面对一位西方美女口出此言:"You are so pretty, I could eat you."该女必大惧而逃遁:她遇到了吃人的生番,焉得不奋力逃命!

其实"秀色可餐"在中国是个很普通的成语,它最早出现于晋陆机的《日出东南隅行》:"鲜肤一何润,秀色若可餐";以后宋人李质的《艮岳赋》则称:"森峨峨之太华,若秀色之可餐";辛弃疾的《临江仙·探梅》又称:"剩向青山餐秀色"。可见中国人见了漂亮的姑娘想到吃,见到大自然的美景也想到吃,而且以"可餐"作为一种最高的赞语,这在世界各民族的语言中都是绝无仅有的!好在基督教不是中国人创立的,否则教堂里唱的赞美诗便将是"主之功德可餐,主之洪恩可餐,圣灵启迪可餐,造化群生可餐,阿门!"

秀色可餐是成语,这种不局限于"吃"字的关于饮食的成语,简直多得不胜枚举,如饮食男女、一饭千金、茶余饭后、无米之炊、越俎代庖、僧多粥少、画饼充饥、挑肥拣瘦、风餐露宿、牛鼎烹鸡、焚琴煮鹤、漏脯充饥、数米而炊、屠门大嚼、寅吃卯粮、粗茶淡饭、味如鸡肋、味如嚼蜡、尘饭涂羹、如饥似渴、嗟来之食、三旬九食、饥不择食、因噎废食、发愤忘食、节衣缩食、饱食终日、吃肉寝皮、食古不化……

在民间俗语中,有许多事借喻饮食的,如香港人、广东人称解雇为"炒鱿鱼",上海人称老于世故为"老甲鱼",称滑头的人为"老油条"。民间歇后语关于饮食的就更多了,如"小葱拌豆腐——一清(青)二白";"一分钱的醋—— 又酸又贱";"黄豆芽炒藕——尽钻空子";"热锅炒辣椒——够呛","馒头开花——气儿大";"窝窝头翻个儿——显大眼";"老太太喝豆汁——好稀",等等。所以说,正是中国人之无所不吃,致使中国话也三句不离吃。据说一个词语在社会生活中出现的频率越高,就意味着这词语所反映的事物对人和人的社会生活影响程度越大。中国人的三句话不离吃,正反映了中国人以吃为社会生活中的头等重要的要事。

思考与练习

1. 中国人无所不吃，无时不吃，吃出了文化，吃出了艺术，关于吃的成语遍地开花，你还知道哪些关于吃的成语、歇后语？

2. 查阅词典，理解以下成语的意思：越俎代庖、牛鼎烹鸡、焚琴煮鹤、漏脯充饥、数米而炊、屠门大嚼、味如鸡肋、味如嚼蜡、尘饭涂羹、嗟来之食

3. 请记背 20 个有关吃的成语。

22 吃的诗词（六首）

一 渔歌子

张志和

西塞山前白鹭飞，

桃花流水鳜鱼肥。

青箬笠，绿蓑衣，

斜风细雨不须归。

诗人张志和（约730—810），唐代诗人。金华（今属浙江）人。唐肃宗时待诏翰林。后因事被贬，绝意仕进，隐居江湖间。这首词描绘了春天秀丽的水乡风光，塑造了一位渔翁的形象，赞美了渔家生活情趣，抒发了作者对大自然的热爱。

西塞山前白鹭在自由地飞翔，桃花盛开，水流湍急，水中的鳜鱼很肥美，漂浮在水中的桃花是那样的鲜艳。江岸一位老翁戴着青色的箬笠，披着绿色的蓑衣，冒着斜风细雨，悠然自得地垂钓，他被美丽的江南春景迷住了，久久不愿离去。

二 江上渔者

范仲淹

江上往来人，

但爱鲈鱼美。

君看一叶舟，

出没风波里。

我国江南水乡，川道纵横，极富鱼虾之利。其中以江苏松江四鳃鲈鱼最为知名。凡往来于松江水上的，没有不喜欢这一特产的，没有不希望一尝这一美味佳肴的。

范仲淹，江苏吴县人，北宋政治家，文学家。他生长在松江边上，对这一情况，知之甚深。但他发之于诗,却没有把注意力仅仅停留在对鲈鱼这一美味的品尝和赞叹上,而是注意到了另外一些更值得注意的东西:隐藏在这一特产背后的渔民的痛苦和艰险,并且深表同情。

三　食粥

陆游

世人个个学长年,

不悟长年在目前。

我得宛丘平易法,

只将食粥致神仙。

人们都知道陆游是南宋著名的诗人,但很少有人知道他还是一位精通烹饪的专家,在他的诗词中,咏叹佳肴的足足有上百首,还记述了当时吴中(今苏州)和四川等地的佳肴美馔,其中有不少是对于饮食的独到见解。

陆游的烹饪技艺很高,常常亲自下厨掌勺,一次,他就地取材,用竹笋、蕨菜和野鸡等物,烹制出一桌丰盛的佳宴,吃得宾客们"扪腹便便",赞美不已。他对自己做的葱油面也很自负,认为味道可同神仙享用的"苏陀"(油酥)媲美。他还用白菜、萝卜、山芋、芋艿等家常菜蔬做甜羹,江浙一带居民争相仿效。

四　咏蟹诗

曹雪芹

桂霭桐阴坐举觞,长安涎口盼重阳。

眼前道路无经纬,皮里春秋空黑黄。

酒未敌腥还用菊,性防积冷定须姜。

于今落釜成何益,月浦空余禾黍香。

此诗是《红楼梦》螃蟹宴中薛宝钗的吟诵。诗歌题目小寓意大,被认为"食螃蟹的绝唱",也是螃蟹咏里的压卷之作。贾府里的螃蟹宴生动活泼,雍容华贵,有书卷气,也有诗礼之家的风范。至今读来,还是饶有兴味的。

五 粤点诗歌两首

何世晃

(一)浓情干蒸烧卖

纤腰细摆面带红,

玉洁肤娇乳交融。

烧卖原为北风送,

喜临南粤情意浓。

干蒸烧卖的成品,腰细,面上放上蟹子或蟹黄;肉馅爽口而有汁;此品源于北方地道名小食烧卖,后传至广东,经历代点心师研制改良成为南粤名点。

(二)首尝肠粉

白云山水碾靓浆,

胜地沙河粉奇香。

中外来宾必先尝,

银记为此来显光。

沙河粉之优质,关键是以白云山的泉水来碾磨米浆,成为远方客人到羊城来必尝的佳品,小食店银记也因此沾光,宾客盈门。

广式点心以其精小雅致、款式创新、料鲜味美、适时而食、洋为中用、古为今用的特色,名扬中外。何世晃大师,广东佛山人,1933 年生,15 岁入行,在南粤点坛上驰骋 60 个春秋。他精心写就的《粤点诗集八十首》(广东高等教育出版社出版)妙笔生花、诗意盎然、韵味无穷,烹饪技艺又尽在其中。

 思考与练习

背诵这六首诗。

23 ＊满汉全席之大报菜单子（相声·贯口）

四干四鲜四蜜饯，四冷荤三个甜碗四点心。四干就是黑瓜子、白瓜子、核桃蘸子、糖杏仁儿。四鲜，北山苹果、申州蜜桃、广东荔枝、桂林马蹄。四蜜饯，青梅、橘饼、圆肉、瓜条。四冷荤，全羊肝儿、溜蟹腿、白斩鸡、炸排骨。三甜碗，莲子粥、杏仁儿茶、糖蒸八宝饭。四点心，芙蓉糕、喇嘛糕、油炸荟子、炸元宵。

蒸羊羔、蒸熊掌、蒸鹿尾儿、烧花鸭、烧雏鸡、烧子鹅、炉猪、炉鸭、酱鸡、腊肉、松花、小肚儿、晾肉、香肠儿。什锦苏盘儿、熏鸡白肚儿、清蒸八宝猪、江米酿鸭子，罐儿野鸡、罐儿鹌鹑、卤什件儿、卤子鹅、山鸡、兔脯、菜蟒、银鱼、清蒸哈什蚂。烩腰丝、烩鸭腰、烩鸭条、清拌鸭丝儿、黄心管儿、焖白鳝、焖黄鳝、豆豉鲇鱼、锅烧鲤鱼、锅烧鲇鱼、清蒸甲鱼、抓炒鲤鱼、抓炒对虾、软炸里脊、软炸鸡。

麻酥油卷儿、卤煮寒鸦儿、熘鲜蘑、熘鱼脯、熘鱼肚、熘鱼骨、熘鱼片儿、醋熘肉片儿。烩三鲜儿、烩白蘑、烩全饤儿、烩鸽子蛋、炒虾仁儿、烩虾仁儿、烩腰花儿、烩海参、炒蹄筋儿。锅烧海参、锅烧白菜、炸开耳、炒田鸡、桂花翅子、清蒸翅子、炒飞禽、炸什件儿、清蒸江瑶柱、糖熘茨仁米。拌鸡丝、拌肚丝、什锦豆腐、什锦丁儿、糟鸭、糟蟹、糟鱼、糟熘鱼片、熘蟹肉、炒蟹肉、清拌蟹肉、蒸南瓜、酿倭瓜、炒丝瓜、酿冬瓜、焖鸡掌儿、焖鸭掌儿、焖笋、炝茭白、茄干晒炉肉、鸭羹、蟹肉羹。三鲜木樨汤！

红丸子、白丸子、熘丸子、炸丸子、南煎丸子、苜蓿丸子、三鲜丸子、四喜丸子、鲜虾丸子、鱼脯丸子、饹炸丸子、豆腐丸子、汆丸子。一品肉、樱桃肉、马牙肉、红焖肉、黄焖肉、坛子肉、烀肉、扣肉、松肉、罐儿肉、烧肉、烤肉、大肉、白肉、酱豆腐肉。红肘子、白肘子、水晶肘子、蜜蜡肘子、酱豆腐肘子、扒肘子。炖羊肉、烧羊肉、烤羊肉、煨羊肉、涮羊肉、五香羊肉、爆羊肉。汆三样儿、爆三样儿、烩银丝儿、烩散丹、熘白杂碎、三鲜鱼翅、栗子鸡、煎汆活鲤鱼、板鸭、筒子鸡。

烩长脐肚、烩南荠。盐水肘花儿、锅烧猪蹄儿、拌稞子、炖吊子、烧肝尖儿、烧连帖、烧肥肠儿、烧宝盖儿、烧心、烧肺、油炸肺、酱蘑钉、龙须菜、拌海蜇、玉兰片、糖熘饹着、糖腌钱莲子。拔丝山药、拔丝肉、鳎目鱼、八代鱼、黄花鱼、海鲫鱼、鲥鱼、鲑鱼、扒海参、扒燕窝、扒鸡腿儿、扒鸡块儿、扒鱼、扒肉、扒面筋、扒三样儿、红肉锅子、白肉锅子、什锦锅子、一品锅子、菊花锅子,还有杂烩锅子。

 思考与练习

1. 满汉全席中的菜式,哪些是八大菜系中的菜式?
2. 尝试一下,你一口气能报出多少个菜名。

 # 附 录

(一)满汉全席原是官场中举办宴会时满人和汉人合坐的一种宴席,是我国一种具有浓郁民族特色的巨型宴席。既有宫廷菜肴之特色,又有地方风味之精华,上菜起码有一百零八种(南菜54道和北菜54道),分三天吃完。满汉全席菜式有咸有甜,有荤有素,取材广泛,用料精细,山珍海味无所不包,既突出满族菜点特殊风味,烧烤、火锅、涮锅几乎不可缺少的菜点,同时又展示了汉族烹调的特色,扒、炸、炒、熘、烧等兼备,实乃中华菜系文化的瑰宝。

满汉全席菜点精美,礼仪讲究,形成了引人注目的独特风格。入席前,先上二对相,茶水和手碟;台面上有四鲜果、四干果、四看果和四蜜饯;入席后先上冷盘,然后热炒菜、大菜、甜菜依次上桌。满汉全席,分为六宴,均以清宫著名大宴命名。汇集满汉众多名馔,择取时鲜海味,搜寻山珍异兽。全席计有冷荤热肴一百九十六品,点心茶食一百二十四品,计肴三百二十品。合用全套粉彩万寿餐具,配以银器,富贵华丽,用餐环境古雅庄重。席间专请名师奏古乐伴宴,沿典雅遗风,礼仪严谨庄重,承传统美德,侍膳奉敬校宫廷之周,令客人流连忘返。全席食毕,可使您领略中华烹饪之博精,饮食文化之渊源,尽享万物之灵之至尊。

满汉全席以北京、山东、江浙菜为主点。闽粤等地的菜肴也首次出现在巨型宴席之上。南菜54道:30道江浙菜,12道福建菜,12道广东菜。北菜54道:12道满族菜,12道北京菜,

30 道山东菜。可惜的是当时川菜尚未流行，如果加入川菜，满汉全席将锦上添花。

（二）相声传统的四种基本艺术手段是"说"、"学"、"逗"、"唱"。"说"是叙说笑话、贯口、打灯谜、绕口令等。"学"是模仿各种鸟兽叫声、叫卖声、唱腔和各种人物风貌、语言等。"逗"是互相抓哏逗笑。"唱"原是指太平歌词（只有唱太平歌词才是唱，其他的都为学），现在产生了"主流"相声的新"唱"门功课，把"学"门里的曲艺演唱加上流行歌曲归到"唱"门了，乍一看似乎也说得过去。

（三）贯口：对口相声常见的表现形式，也是相声演员学艺时，训练唇齿喉舌和气口的基本功之一。贯口又称"趟子"，为将一段篇幅较长的说词节奏明快地一气道出，似一串珠玉一贯到底，演员事先把词背得熟练拱口，以起到渲染抒情、展示技巧乃至产生笑料的作用。

"贯口"里的大段叙述，说的时候，必须注意语气的迟急顿挫、语调的婉转悠扬，要说得快而不乱，慢而不断，以免引起观众和演员在心理上的紧张。

在说贯口时，还要注意掌握好"气口"，就是在哪里换气，使听众觉得情绪连贯而不断线。就跟唱歌一样，必须在有呼吸记号的地方换气。

参考文献

[1]杨乃济.吃喝玩乐——中西比较谈.北京:中国旅游出版社,2002.

[2]马明博,肖瑶.舌尖上的中国.北京:中国青年出版社,2006.

[3]杨耀文.文化名家谈食录.北京:京华出版社,2007.

[4]蔡澜.蔡澜谈美食.广州:广东旅游出版社,2012.

[5]何世晃.粤点诗集.广州:广东高等教育出版社,2010.

[6]薛国兴.吃一碗文化.北京:中国人民大学出版社,2009.

[7]汪曾祺.五味:汪曾祺谈吃散文32篇.济南:山东画报出版社,2005.

[8]黄发有.舌尖上的故乡.济南:山东画报出版社,.2010.

[9]羊城晚报.金羊网,2004-02-29.